《GUOJISHIPIN FADIAN》
YU SHIPINANQUAN GONGGONGZHILI

《国际食品法典》与食品安全公共治理

江虹 吴松江 著

中国政法大学出版社

2015 · 北京

图书在版编目（CIP）数据

《国际食品法典》与食品安全公共治理 / 江虹，吴松江著. — 北京 ：中国政法大学出版社，2015.10

ISBN 978-7-5620-6393-3

Ⅰ. ①国… Ⅱ. ①江… ②吴… Ⅲ. ①食品卫生法－法规－研究－世界②食品安全－安全管理－研究－中国 Ⅳ. ①D912.104 ② TS201.6

中国版本图书馆CIP数据核字(2015)第243165号

出版者　中国政法大学出版社

地　　址　北京市海淀区西土城路 25 号

邮寄地址　北京 100088 信箱 8034 分箱　邮编 100088

网　　址　http://www.cuplpress.com (网络实名：中国政法大学出版社)

电　　话　010-58908437(编辑室) 58908334(邮购部)

承　　印　固安华明印业有限公司

开　　本　880mm×1230mm　1/32

印　　张　8.25

字　　数　200 千字

版　　次　2015 年 10 月第 1 版

印　　次　2015 年 10 月第 1 次印刷

定　　价　29.00 元

本书是国家社科基金重大项目（11&ZD171）、湖南省哲学社会科学基金一般项目（14YBA213）的阶段性成果之一。本书同时获得湖南省“十二五”公共管理重点学科、湖南农业大学法学专业综合改革项目资助，特此鸣谢！

序　言

“二战”之后全球范围内的食品贸易不断增长。国际社会意识到，要进一步促进国际食品贸易健康发展，必须建立统一的食品安全国际标准。随着世界经济全球化发展，整个食品生产、贸易、消费链条中任何一个国家或地区发生食品安全事件，都可能对世界其他国家或地区构成实质性威胁。近二十年来，动物源性食品贸易日益发达、国际物流业日益扩展，食品污染和食品传播疾病等食品安全问题更表现出明显的全球化特征。因此，加强食品安全领域国际主体合作并开展食品安全公共治理，比历史上任何时候都显得重要。

1963 年，由联合国粮农组织和世界卫生组织共同发起的一项旨在建立《国际食品法典》的联合食品标准计划，规定了在全世界范围内建立统一的食品安全国际标准，国际食品法典委员会作为该计划的主要执行机构也应运而生。国际食品法典委员会作为负责实施联合国粮农组织和世界卫生组织联合食品标准计划的政府间国际组织，通过制定《国际食品法典》，建立国际协调一致的食品安全标准体系，保障消费者健康，促进食品贸易的公平实践。

世界贸易组织（简称 WTO）成立后，《国际食品法典》的地位得到极大的提高。WTO 框架下的《实施动植物卫生检疫措施的协定》（简称《SPS 协定》）和《技术性贸易壁垒协定》（简称《TBT 协定》）将国际食品法典委员会确定为三个国际标准化机构之一，食品法典标准被认为是国际农产品和食品贸易仲裁的重要依据。根据《SPS 协定》和《TBT 协定》的规定，WTO 成员制定农产品及食品安全有关的标准或措施应以国际标准为依据，除非有科学证据，否则不得采取高于国际标准的措施。也就是说，若一成员的食品标准或措施是以国际食品法典标准为依据的，就被认为符合 WTO 贸易规则，没有造成不必要的贸易障碍；当一成员的食品标准或措施比食品法典标准的规定更加严格时，需要提供科学证据证明，否则可能被判定为不必要的贸易障碍或贸易歧视。因此，越来越多的国家重视国际食品法典的重要性，并将其作为制定本国食品标准的依据或基础，以推动本国农产品及食品的国际贸易健康发展。联合国粮农组织和世界卫生组织对国际食品法典委员会的授权中，包含了独立的规范性权力和作为协调国际食品标准推动者的职权，这也为国际食品法典委员会提供了一个强有力的法律基础，使其在食品安全标准、食品安全治理领域中具有优势地位，成为食品安全公共治理和食品标准国际融合与统一的主要推动者。

目前，国内外相关研究成果多以各国食品安全监管制度、各国食品安全标准体系建设为主，基于全球化背景下的食品安全问题国际合作治理及其国际食品法典的研究成果不多，将国际食品法典与中国的食品安全公共治理相结合的研究成果更是凤毛麟角。虽然我们可以从现有零散的研究成果中，对国际食品法典的结构与内容有所了解，或可获得国际食品法典对中国食品安全标准的启示与借鉴，但这些研究成果缺乏对国际食品法典委员会组织框架与运行机制、国际食品法典标准制定等相关内容的系统性研究，更缺乏对中国采纳、应用国际食品法典标准的深入分析。中国既是世界最大的粮食贸易国，也是最大的动物源性食品贸易国，食品安全问题十分重要。江虹、吴松江两位青年学者，从《国际食品法典》与食品安全公共治理这一角度切入，详细阐述了《国际食品法典》的产生、内容及制定过程，深入探讨了国际食品法典委员会的组织框架与运行机制，全面分析了 WTO 背景下《国际食品法典》改革及其对世界食品贸易的影响，并从国际、国内两个层面剖析《国际食品法典》与食品安全公共治理的密切联系，指出了法典标准在食品安全全球治理中的重要作用以及中国如何利用《国际食品法典》及其法典标准促进中国食品安全公共治理，其研究成果所具有的创新性显而易见。

长期以来，我与我的同行们积极倡导开展学科交叉融合、推进多学科协同创新。四年前，我主持承担的国家社科基金重大项目就是一个由动物学、防疫学、危机管理学、法学等多学科交叉研究的课题。江虹、吴松江两位青年学者积极参与到该课题的研究之中，并成为骨干研究成员。江虹、吴松江两位青年学者严谨治学、奋发努力，经过四年多的艰苦努力，其研究成果《〈国际食品法典〉与食品安全公共治理》终于付梓，我感到无限欣慰，同时向两位青年学者表达热烈祝贺。当然，无论从理论分析还是从实践应用来看，该书一定还存在不少缺陷，我们期待作者不断深化研究并完善研究成果。

有感于二位青年学者的勤奋精神，受益于彼此间长期教学相长的情谊，当江虹、吴松江嘱我为新作写序时，我欣然应允并写下这些文字，是为序！

湖南农业大学公共管理与法学学院院长　李燕凌

2015 年 8 月于长沙

目　录

第一章
《国际食品法典》的产生

第一节　FAO/WHO 联合食品标准计划

一、食品标准领域国际公共治理需求不断增加

二战后，随着经济全球化的发展，世界各国的货物、服务、人员、投资和信息跨越国界进行流动不断增强，世界食品贸易不断增长。食品科学与运输技术的发展进步使全球范围内的食品生产与消费模式发生极大的改变。食品科学及农业相关技术的进步大大提高了农产品、食品产品的产量。运输技术、食品加工、包装和保存技术的进步大大增强了食品的流动性。如今，某一食品在某地生产，其所用原材料可能来自许多国家或地区，这一食品通过出口贸易进入全球食品供应链，再通过国际运输输送到许多国家和地区进行消费或者进行深加工。在整个食品生产、贸易、消费链条中任何一个国家或地区发生食品安全事件时，其负面影响与危害都可能对世界其他国家或地区构成实质性的威胁。因此，食品安全、食品污染和食品传播疾病等问题随着食品生产和消费的全球化也具有全球化特征。

爆发于英国的 BSE 疯牛病不仅影响到牛，也影响到人类，20 个国家确认大约 18 万头牛患有疯牛病，11 个国家超过 200 人感染疯牛病，疯牛病也导致牛肉及牛肉制品国际市场多年疲软。

2008年中国制造的饺子被有害农药污染导致日本700多人生病。2008年中国奶粉三聚氰胺事件，影响到46个国家，导致5万例儿童生病入院、6例死亡。[1]这些事件需要我们重新审视全球食品安全问题。科学技术进步的推动，大型跨国公司的快速发展，全球贸易的自由化改变着食品生产、分配流通和消费模式，同时延长了全球食品供应链，也导致食品携带疾病及食品污染爆发的可能性增加。一国或一地区的食品安全事件可能对其他国家或地区产生严重影响。[2]在全球食品供应链中食品安全问题涉及多个国家，同时各国在应对食品安全危机时需要越来越多的相互合作，国际社会迫切需要有效的国际食品安全公共治理。

二、已有的食品标准领域的国际公共治理

20世纪初以来，国际层面食品安全公共治理的努力没有取得较大的成效，尤其是在食品标准统一领域，因为各国不愿意作出承诺来调整其本国国内的食品标准立法。20世纪30年代，国际农业研究所（International Institute for Agriculture，联合国粮农组织的前身）的努力比较成功，为了确保公平食品贸易，其通过了几个关于鸡蛋、牛奶及奶制品的国际公约，尽管二战的爆发阻止了这些公约的最后通过，但这些国际文件仍然可以作为日后国际合作治理的基础。

二战后，国际食品安全公共治理在地区层面和国际层面展开，世界各国努力协调食品法律、食品标准，例如拉美国家建立

---

〔1〕 WHO，Ottawa，Canada，Dec. 1～4，2008，Toxicological and Health Aspects of Melamine and Cyanuric Acid：Report of a WHO Expert Meeting in Collaboration with FAO Supported by Health Canada，available at http://tinyurl.com/2cvjobc.

〔2〕 World Econ. Forum，Global Risks 2008：A Global Risk Network Report 15～16 (2008)，available at http://tinyurl.com/264bf9x.

的《拉美食品法典》(Latin American Food Code),欧洲食品法典理事会发展的《欧洲食品法典》。1945 年联合国粮食及农业组织(以下简称“粮农组织”或“FAO”)成立,1948 年世界卫生组织(以下简称“世卫组织”或“WHO”)成立。1950 年 FAO/WHO 营养专家联合委员会第一届会议指出:“不同国家的食品法规通常存在冲突和矛盾。有关术语命名和可接受的食品标准立法,各国之间通常存在很大差异。制定新法规时往往不以科学为基础,而且很少考虑营养原则。”该委员会认为,各国食品法规矛盾、冲突可能构成国际贸易壁垒,影响具有营养价值的食品在国际社会自由流通,因此国际社会包括粮农组织和世卫组织应该对这一问题开展深入研究。1955 年 FAO/WHO 食品添加剂联合专家委员会开始工作,并通过了《食品添加剂使用的通用原则》。1958 年联合国欧洲经济委员会订立《日内瓦议定书》,提出有关食品产品标准的统一规划。欧洲经济委员会相关工作组针对输入欧洲的新鲜果蔬及其他食品产品提出质量标准,以避免就此类产品在运输过程中的处理问题引发纠纷。[1] 奶和奶制品标准及标签要求方面的工作最初由国际乳品业联合会负责,后来由 FAO/WHO 奶和奶制品原则规范政府专家联合会接管。1960 年第一届粮农组织欧洲区域会议指出:“人们认识到,有关最低食品标准及相关问题(包括标签要求、分析方法等)的国际协议是保护消费者健康、保障质量、减少贸易壁垒的重要手段,特别是在快速整合的欧洲市场。”会议还指出,许多组织所开展的食品标准计划越来越多,如何开展协调是一个重要问题。

三、FAO/WHO 联合食品标准计划的发起

上文所述,先进的科学技术和交通运输方式使食品市场从当

---

〔1〕 宋雯:“国际食品法典委员会简史”,载《中国标准导报》2013 年第 11 期。

地市场延伸到跨国市场。伴随着食品贸易的全球化是食品安全问题的全球化，因此食品安全领域的国际公共治理成为必然。

20 世纪以来国际社会逐步意识到，国际社会食品安全公共治理领域中最迫切需要解决的问题是各国食品法律、法规之间的差异，例如对于化学物、污染物残留规定的不同，不仅导致各国之间严重的贸易壁垒，也造成大量食品被销毁、浪费。许多国家、区域性和全球性国际组织都有开展食品标准制定与统一的努力，然而不同的制定主体导致食品安全国际标准的数量众多，存在彼此冲突或重叠。因此如何协调这些国际标准成为 FAO/WHO 联合食品标准计划发起的主要目的。

1961 年 2 月粮农组织总干事与世卫组织、欧洲经济委员会、经济合作与发展组织以及欧洲食品法典理事会积极开展讨论，提出设立国际食品标准计划等若干建议。1961 年 11 月粮农组织大会第十一届会议通过决议成立食品法典委员会。1962 年 FAO/WHO 食品标准联合会议在日内瓦召开，设立了两家机构的合作框架，食品法典委员会成为负责执行 FAO/ WHO 联合食品标准计划的机构，FAO/ WHO 以及开展食品标准工作的其他区域和国际组织的所有努力逐步纳入该计划，该届会议为食品法典委员会第一届会议做出筹备。1963 年 5 月世界卫生大会第十六届会议批准设立 FAO/ WHO 联合食品标准计划。国际食品法典委员会 1963 年 10 月在罗马召开了第一届会议，来自 30 个国家和 16 个国际组织的约 120 名代表参加了会议。

牛奶和牛奶制品法典原则的政府专家委员会、食品添加剂联合专家委员会和农药联合会议以及欧洲食品法典理事会为粮农组织和世卫组织发起联合食品标准计划奠定了一定基础。联合食品标准计划出台的目的在于简化和协调已经存在的各种非政府间国际组织和政府间组织统一国际食品标准所做的努力，制定《国际食品法典》，以统一的方式公布国际采纳通过的食品标准是实现这一目标的主要工具。

联合食品标准计划发起后，欧洲食品法典理事会努力将其工作融入世界范围内的食品标准计划，因此 FAO/ WHO 联合食品标准计划在最初几年的工作中带有很强的欧洲导向。此外，牛奶和牛奶制品法典原则的政府专家委员会、食品添加剂联合专家委员会也在 FAO/ WHO 联合食品标准计划中留下了烙印。国际食品法典委员会最初几年的工作方法就是根据以上委员会的工作经验总结的。

第二节 国际食品法典委员会的建立

FAO/ WHO 联合食品标准计划以建立《国际食品法典》为核心要素，这是 1961 年和 1963 年这两个国际组织决策机构共同决定的。这两个国际组织共同建立了该计划的制度框架负责执行这一计划。这一制度框架包括食品法典委员会及其附属机构、联合专家机构或专家会议、联合信托基金咨询小组。其中联合专家机构或专家会议以及联合信托基金咨询小组与国际食品法典委员会独立发挥作用，直接对粮农组织和世卫组织负责。

一、国际食品法典委员会的宗旨

国际食品法典委员会（Codex Alimentarius Commission，以下简称“食典委”或“CAC”）是由粮农组织和世卫组织共同建立，以保障消费者的健康和确保食品贸易公平为宗旨的一个制定国际食品标准的政府间组织。

食典委《章程》第 1 条规定：“食品法典委员会应按下文第 5 条的规定，负责就有关执行粮农组织/世界卫生组织联合食品标准计划的所有事项，向粮农组织和世卫组织总干事提出建议，并接受他们的咨询，其目的是：①保护消费者健康，确保食品贸易的公平进行；②促进国际政府与非政府组织所有食品标准工作的协调；③确定优先次序，通过适当的组织并在其协助下发起和指导标准草案的拟定工作；④最终确定根据上文③款拟定的标准，并在切实可行的情况下，作为区域或全球标准与其他机构根据上文②款敲定的国际标准一同在《食品法典》中予以公布；⑤根据形势发展酌情修改已公布的标准。”

因此，食典委的宗旨是通过制定食品安全国际标准、食品加工规范和准则，保护消费者的健康和生命安全，保证国际食品贸易在公正公平的环境中进行，消除国际贸易中不平等的行为，《食品法典通用原则》第 1 条规定：“《食品法典》汇集了全球通过的、以统一方式呈现的食品标准及相关文本。这些食品标准及相关文本旨在保护消费者健康，确保食品贸易公平。发行食品法典目的是指导并促进食品定义与要求的制定，推动其协调统一，并借以推进国际贸易。”[1]

二、国际食品法典委员会的法律地位与职权

（一）国际食品法典委员会的法律地位

食典委是负责执行 FAO/ WHO 联合食品标准计划的主要机构，其是根据《联合国粮食及农业组织章程》第 6 条、第 18 条 1 项以及《世界卫生组织组织法》第 2 条而建立的。食典委的法律地位具有一定的特殊性，因为其是由两个独立的专业化组织即粮农组织和世卫组织共同建立的一个附属组织。食典委作为附属组织意味着其依赖于上级组织的权力下放，其上级组织具有广泛的

[1] 国际食品法典委员会秘书处：《程序手册》2012 年第 21 版，第 15 页。

权力，大多数情况下食典委可以继承其上级组织的权力和规则，这在某种程度上也是一种优势。

某一政府间国际组织是否可以归入国际法传统意义上的政府间国际组织通常由几个要素决定。例如，该组织是否依据某一国际条约或者由国际法规范的某一国际法律文书所建立，该组织是否具有独立的国际法律人格等。承认一个政府间国际组织为国际法主体时，重要的一点是该国际组织的权力（或权限）是由其成员直接赋予的。建立政府间国际组织的国际条约或者国际法律文件起到该国际组织宪章的作用，旨在为该组织提供法律人格的基础，基于此该国际组织可以作为国际法主体而为一定的行为，而其从事行为的权力由各成员以同意的方式赋予，规定在该国际法律文件中。

食典委是由两个国际组织（粮农组织和世卫组织）决策制定机构通过决议建立的。这两个国际组织的决策制定机构有权建立附属组织或附属机构。食典委不是一个新的自主的具有独立法律人格的国际组织，因为其权限来源于上级组织而不直接是成员国国家。因此食典委可以归入两个上级组织的附属组织。这一特征反映在食典委的许多制度中，例如，在确定食典委议程时两个上级组织的总干事有很大的权力；尽管食典委可以建立和修改其自身的《议事规则》，但是《议事规则》及其修改的生效需要两个上级组织总干事的批准；食典委的发展战略和中期计划（这些文件是决定制定新标准时确定工作重点的基础）必须得到两个上级组织领导机构的同意；作为一个附属组织，食典委没有权力与其他国际组织签订国际条约或国家协定等，其与其他国际组织的合作需要根据上级组织的规则和政策；对食典委的评估也是由两个上级组织开展的，为改善食典委的运作而作出的重要改变必须经两个上级组织权力机构的批准；食典委在财政上不独立，需要依赖两个上级组织；等等。

（二）国际食品法典委员会的职权

食典委的职权取决于其上级组织，这种附属地位带来的问题是上级组织的哪些权力下放给食典委，上级组织在何种程度上对食典委的行为负责。

粮农组织和世卫组织这两个上级组织下放给食典委的权力规定在食典委《章程》第1条和第7条以及《议事规则》第11条和第12条。《章程》第1条明确规定了食典委负责就有关执行粮农组织/世卫组织联合食品标准计划的所有事项，向粮农组织和世卫组织总干事提出建议，并接受他们的咨询。《章程》第7条和《议事规则》第11条表明了食典委可以建立附属机构准备食品标准草案。《议事规则》第12条规定食典委可以制定和修改其自身的标准制定程序，通过和修改程序不需要其上级组织的批准。

事实上，食典委《章程》及《议事规则》加之食典委成立后多年来的运作实践，均表明食典委的权限不限于上述规定。《章程》第1条（具体规定见上文）似乎反映了联合食品标准计划的唯一内容，然而对食典委作为负责实施该计划主要机构的权力规定并不明确，事实上该条包含了一些隐含权力。这些隐含权力经过食典委多年的实践发展成为其自动权力而没有受到其上级组织的反对。其中两个重要的权力值得指出：一是在国际层面上促进所有食品标准工作的合作与协调；二是制定国际食品标准的规范性权力。

上文中指出促进国际食品标准制定活动的协调是建立联合食品标准计划的首要原因。因此，促进所有政府间和非政府间组织所进行的食品标准制定工作的协调纳入了联合食品标准计划的目标，作为实施该计划的主要机构，在国际层面上促进所有食品标准工作的合作与协调也应是食典委的主要任务。食典委有权确立自身的标准制定程序，这一权力包括通过标准制定程序的有关规定而不需要得到其上级组织的批准。实践中，食典委正是通过这一权力来促进食品标准方面的国际合作与协调的。

《章程》第 1 条从第 3 项到第 5 项集中规定了食典委拟定、准备、通过和公布食品标准以及其他文件的事项。《议事规则》第 11 条赋予了食典委为完成其标准草案定稿工作的需要而建立附属机构的权力。《议事规则》第 12 条规定食典委应为通过或修正标准达成协商一致作出最大努力。标准的公布以及标准分发给各国予以批准或接受都不取决于其两个上级组织的决定，因此食典委成为《国际食品法典》中有关食品标准及其他决定的最后决策者。这实际上为食典委提供了在标准制定程序方面的规范性权力，其可以直接与成员接触而无须其上级组织的干预。此外，作为准备、通过和公布标准的负责机构，食典委具有跨科学性特征，其任务包括了风险管理。风险管理是为了减少、降低风险而对政策选择进行评估与衡量的过程。风险管理基于风险评估，但是不同于风险评估。风险评估目的在于确定危害及其特征。食典委本身不实施风险评估而是由其体制之外的独立的科学机构进行。

食典委的《章程》和《议事规则》需要其上级组织的决定才能修改。《章程》只有粮农组织大会和世卫组织大会可以修改。《章程》明确指出食典委有权通过和修改自身《议事规则》，修改、增加《议事规则》需要法典成员的法定人数即三分之二多数通过，并经过联合国粮农组织和世界卫生组织总干事批准得以生效。

除了《章程》和《议事规则》外，食典委还通过了一系列的内部规则包含在《程序手册》中。这些内部规则规范食典委及其附属机构的制度框架、职能、运作以及具体细化的标准制定程序，例如，《食典委通用原则》、《设立食典委附属机构的标准》、《确定工作重点的标准》、《法典委员会和特设工作组的准则》、

《食品法典标准和相关文本中纳入具体规定的准则》、《关于国际非政府组织参与食典委工作的原则》等等。《程序手册》中的大部分规定对食典委及其附属机构以及法典成员有法律约束力。例如,《法典委员会和特设工作组标准》对负责委员会会议的主持国有约束力。

综上所述，尽管食典委的地位属于附属组织，其上级组织事实上赋予它非常重要的权力。

三、国际食品法典委员会的成员

(一) 国际食品法典委员会的成员

食典委的成员资格对所有国家开放，然而，作为一个附属组织，食典委的普遍性面临一个限制即某一国家要成为食典委的成员必须是其上级组织或至少其中一个上级组织的成员。实践中，食典委普遍性的这种限制几乎不成为限制，因为大多数国家都是粮农组织或者世卫组织的成员。2003 年以前，食典委的成员资格只对独立的国家开放，地区性组织被排除在外。2003 年《议事规则》修改案允许地区性组织成为食典委的成员。食典委的成员已经从 1963 年最初的 30 多个国家发展到现在的 186 个成员，其中 185 个国家、1 个国际组织（欧盟），食典委具有相当的普遍性。[1] 食典委成立初期，其成员主要是以欧洲国家为主，现在其成员来自世界所有地区。

新成员的加入需要通知粮农组织和世卫组织总干事。批准新成员资格不需要投票或任何其他接受程序，只要该国是其上级组织的成员，通知程序即可使其成为食典委的成员，这是因为接受新成员的相关决策制定程序已经在其上级组织中进行。撤回成员

---

〔1〕 国际食品法典委员会官网：http://www.codexalimentarius.org/members-observers/zh/。

资格在《章程》和《议事规则》中都没有规定，因此，关于成员能否退出食典委仍然不明确。

食典委的成员有权参加食典委及其附属机构的会议。食典委的成员有投票权，每个成员有一个投票权，每个成员有要求表决的权利。除了通过或修改标准及其他相关法典措施外，食典委以投票方式通过其决定，投票方式是记名表决。投票程序为成员的名字按照字母顺序排列，其国家代表表明是否同意、反对或者弃权，第一个成员通过抽签选出。通过或修改标准及其他法典措施的决定是采取协商一致方式进行，只有协商一致努力失败后才进行投票。此外，成员国有权持有其看法或进行保留。

地区性组织成为食典委的成员享有相同的权利，其权利取决于属于该组织的成员国的数量。《议事规则》规定了几种特殊情形，不允许地区性组织的成员资格和其成员国自身的成员资格权利同时存在。《议事规则》第 2 条规定："成员组织应与其作为食典委成员的成员国在各自权限领域内交替行使成员权利。针对其权限范围内的事宜，成员组织应有权参加其任一成员国有权参加的食典委或其附属机构会议。这并不妨碍成员国可以提出或支持成员组织在所属权限领域的立场。在其根据第 2 段规定有资格参加的所有食典委或附属机构会议上，成员组织均可对其权限范围内的事宜行使表决权，表决票数为有资格在此类会议上表决且在表决时在场的成员国数量。如成员组织行使表决权，其成员国则不得行使其表决权，反之亦然。"因此，该组织或其成员国必须明确该地区性组织和其成员国之间的权限划分。经法典成员的要求，地区性组织或其成员国必须通知其权限划分。地区性组织的投票权是其成员国总数。[1]

---

〔1〕 国际食品法典委员会秘书处：《程序手册》2012 年第 21 版，第 5 页。

（二）国际食品法典委员会的观察员

食典委《议事规则》第9条规定："目前尚不是食典委成员、但对食典委工作特别关注的粮农组织或世卫组织成员国或准成员国，在向粮农组织或世卫组织总干事提出要求后，可以观察员身份列席食品法典委员会及其附属机构的会议。观察员可以交备忘录并参加讨论，但不得表决。非粮农组织或世卫组织成员国或准成员国的联合国成员，应其要求并根据粮农组织大会和世界卫生大会通过的授予国家观察员地位的规定，可受邀以观察员身份列席食典委及其附属机构的会议。应邀参会国家的地位应按粮农组织大会通过的相关规定进行管理。食典委的任何成员均可以观察员身份列席附属机构的会议，并可提交备忘录并参加讨论，但无表决权。粮农组织或世卫组织总干事可邀请政府间组织和国际非政府组织以观察员身份列席食典委及其附属机构会议。"〔1〕

食典委观察员的地位可以授予国家、政府间组织或者非政府间组织。观察员有三种：第一种是观察员国家，主要是指粮农组织或世卫组织的成员，但还不是食典委的成员；第二种是其是联合国的成员，但不是粮农组织或世卫组织的成员；第三种是政府间国际组织或非政府间国际组织。食典委有大量的观察员存在，230个观察员中，有52个是政府间国际组织，162个非政府间国际组织，16个联合国机构。〔2〕观察员有权参加食典委的会议，当被主席邀请时可以参与讨论。观察员有权在会议召开之前获得所有工作文件和讨论稿，有权向食典委大会及其附属机构会议提交备忘录。但是，观察员没有投票权。

---

〔1〕 国际食品法典委员会秘书处：《程序手册》2012年第21版，第10页。

〔2〕 国际食品法典委员会官网：http://www.codexalimentarius.org/members-observers/zh/。

四、国际食品法典委员会的会议与预算

（一）国际食品法典委员会的会议

食典委每年或每两年举行一次会议，一般持续一周，会议在粮农组织总部罗马或者世卫组织总部日内瓦轮流召开。

食典委的会议由主席主持，主席从各国代表团代表中选出，得到代表团团长的同意。主席由三个副主席协助工作，副主席也从代表中选出。当主席和副主席都空缺时，可以从粮农组织或世卫组织的工作人员中选出一位临时代替。

食典委会议的议程由粮农组织和世卫组织总干事与食典委主席或执行委员会咨询后准备。会议议程的最后确定由食典委自身通过，但是领导机构或粮农组织和世卫组织总干事包含在议程中的任何事项不能被删除。

（二）国际食品法典委员会的预算

食典委的预算由粮农组织代表两个组织管理。食典委成立前最初的想法是让执行联合食品标准计划的机构在财政上独立于其上级组织，通过设立一个信托基金，允许工业企业、成员国政府直接、间接的捐献。然而，这种想法被许多国家视为对参与食典委工作的障碍，因为许多国家无法从资金上参与，而且这在某种程度上也会导致食典委持续活动具有不确定性。最终，放弃了信托基金的想法，改为由联合国粮农组织和世卫组织每年定额的资金配额支持联合食品标准计划。

食典委《章程》第9条规定："食典委及其附属机构的工作经费应由粮农组织和世卫组织联合食品标准计划的预算承担，并由粮农组织依据粮农组织的财务条例代表两组织执行，由成员国接受主持的附属机构的工作经费除外。粮农组织和世卫组织两总干事应共同决定联合食品标准计划费用中应由各自组织承担的部

分，并拟定相应的年度开支预算，以便列入两组织正常预算提请相应领导机构批准。”〔1〕

虽然两个上级组织是平等的合作参与者，但从食典委成立后的运作实践来看，粮农组织的资金占主导地位。例如，粮农组织支付预算的75%，而世卫组织支付25%。近年来，世卫组织负责机构越来越重视食典委的工作，于是作出决定将联合食品标准计划列入其工作重点，对食典委的资金贡献显著增加。

食典委《议事规则》第13条规定：“粮农组织和世卫组织两总干事应根据食典委及其附属机构拟议的工作计划以及上一财务周期的支出情况编制预算，供食典委在其例会上审议。经两总干事根据食典委提出建议适当修改的预算额，应纳入两个组织的正常预算，呈请适当的领导机构批准。支出预算中应包括食典委及根据规则Ⅺ.1（a）和Ⅺ.1（b）（ii）设立的食典委附属机构的工作经费，联合食品标准计划的职工费用，以及为后者提供后勤服务的其他开支。支出预算应包括执行委员会中发展中国家成员参加执委会会议发生的旅费（包括每日生活津贴）。根据规则Ⅺ.1（b）（i）设立的附属机构（法典委员会）的工作经费应由接受该机构主席职位的成员承担。支出预算中可包括筹备工作中依据食典委《章程》第10条规定认定为食典委工作经费的费用。除规则Ⅷ.3的规定外，支出预算不提供食典委成员代表团或规则Ⅸ中提及的观察员参加食典委或其附属机构会议时发生的费用，包括旅费。如果粮农组织或世卫组织总干事邀请专家以个人身份参加食典委及其附属机构的会议，他们的费用应从食典委工作的正常预算经费中支付。”〔2〕

---

〔1〕国际食品法典委员会秘书处：《程序手册》2012年第21版，第4页。
〔2〕国际食品法典委员会秘书处：《程序手册》2012年第21版，第13页。

本章小结

通过国际合作克服各国食品标准、法律法规的差异而发起一项食品标准计划的必要性得到国际社会的公认，同时国际社会也意识到有必要对已经存在的几个垂直的和地区性的组织或机构已开展的食品标准活动进行协调，于是，粮农组织和世卫组织通过决议发起联合食品标准计划，食典委就是在这样的背景下建立的。FAO/WHO 联合食品标准计划的核心要素是建立《国际食品法典》，通过统一定义的食品标准，为各国食品要求的协调与统一提供帮助。执行 FAO/WHO 联合食品标准计划的主要机构是食典委。

食典委被认为是两个上级国际组织即粮农组织和世卫组织的附属机构，相应的，对其职权的分配依赖于两个上级组织的权力下放与授权。一个国际组织能否发展成为一个有效的国际组织取决于两个重要因素，即财政与行政两方面的资源。食典委的财政预算和秘书处人事管理都由其两个上级组织共同负责，这也体现了其附属机构的法律地位。尽管存在作为两个上级组织附属机构的限制，食典委仍然被赋予了非常重要的职权。食典委的授权中包含了独立的规范性权力和作为协调国际食品标准推动者的职权，这也为食典委提供了一个强有力的法律基础，使其在食品安全标准、食品安全治理领域中具有优势地位。因此，食典委将成为食品安全治理和食品标准国际融合与统一的主要推动者。

第二章

国际食品法典委员会的组织框架与运行机制

第一节　国际食品法典委员会大会、执行委员会与秘书处

一、国际食品法典委员会大会及其运行规则

食典委大会每两年或一年召开一次，轮流在意大利罗马和瑞士日内瓦举行。每个成员的首要义务是出席大会会议，各成员派官方代表团参加、出席大会会议，还没有成为食典委成员的国家、政府间国际组织以及非政府间国际组织可以派代表以观察员的身份出席大会。观察员不同于成员，其代表可以在食典委大会上发表、提出自己的观点，但是没有最终表决权。为促进食典委与各个成员之间的联系与合作，食典委与成员政府合作，建立国家食品法典联络点，许多成员则建立了国家食品法典委员会以协调国内的行动。自1963年在联合国粮农组织总部罗马召开食典委第一届大会以来，基本上每年或每两年召开一次，粮农组织和世卫组织对国际食品法典委员会大会的每一届会议均给予了高度重视与大力支持。

生物技术食品、食品添加剂、食品污染物、食品卫生、农药和兽药残留、饮食营养和特殊膳食等法典标准一直以来都是食典委大会关注的焦点工作。近年来，食典委大会通过了《良好动物饲养规范》、《预防和减少坚果中黄曲霉毒素污染的规范》等众多

标准。

二、执行委员会及其运行规则

食典委《章程》第6条规定："食典委应设立执行委员会，其组成应确保食典委成员所属的世界各个地理区域都有充分的代表。休会期间，执行委员会将作为食典委的执行机构。"[1] 1963年在食典委第一次会议上通过了建立执行委员会的《议事规则》。执行委员会的第一次会议在其后的1963年7月召开。

执行委员会的主要职能是食典委在休会期间的执行机构，其任务主要是就基本工作方针向食典委提出议案，研究特殊问题，为计划的实施提供帮助。1996年食典委第20次会议上，食典委赋予执行委员会在法典标准制定程序中第5步审查标准草案并将其推进到第6步的职能，同时执行委员会有权决定是否启动一项新工作。2004年食典委对其《议事规则》进行了修改，取消了执行委员会上述两项职能，重新赋予其审查制定新法典措施的提案以及监督标准制定过程的新职能。执行委员会的权限限于咨询的职能，其再没有权力决定启动一项新标准的制定程序或者将标准草案措施从步骤5推进到步骤6。食典委休会期间，执行委员会是代表食典委的执行机构。执行委员会可就总体方向、战略规划和工作计划向食典委提出建议，研究特殊问题，并应通过严格审查工作建议和监督标准制定进展来协助管理食典委的标准制定计划。[2] 根据食典委《章程》，执行委员会成员的组成必须确保世界各个地区均有充分代表，执行委员会在地区分布上是均等的，同一国家不得有两名成员。

《议事规则》第5条规定："执行委员会应由食典委主席和副

---

〔1〕 国际食品法典委员会秘书处：《程序手册》2012年第21版，第4页。

〔2〕 国际食品法典委员会秘书处：《程序手册》2012年第21版，第7～8页。

主席、根据规则Ⅳ指派的协调员以及另外七名委员组成。这七名委员由食典委在例会上从食典委成员中选举产生，下列地理区域各产生一名：非洲、亚洲、欧洲、拉丁美洲和加勒比地区、近东、北美洲、西南太平洋地区。”〔1〕

执行委员会一般是一年召开一次会议。2003年以来食典委每隔一年召开一次会议，这意味着执行委员会比食典委的会议多一些。当作出召开食典委大会决定之后，执行委员会会在食典委召开会议之前召开会议。根据《议事规则》第5条的规定，凡有必要，粮农组织和世卫组织两总干事可在征询执行委员会主席意见之后，召集执行委员会会议。执行委员会应对食典委负责。执行委员会通常应在每届食典委会议召开之前举行。〔2〕通常召开会议的地点与食典委开会地点相同，即粮农组织总部意大利罗马或世卫组织总部瑞士日内瓦。

执行委员会的运行费用也是由联合食品标准计划预算承担，由粮农组织和世卫组织联合管理。

三、秘书处及其运行规则

秘书处负责食典委的行政，由为粮农组织/世卫组织食品标准计划服务的粮农组织资深官员组成，设置在罗马粮农组织关于食品及营养质量和标准的服务机构里。秘书处由一个秘书和十个其他官员组成。在粮农组织罗马总部，食典委秘书处是全脱产官员，其他工作人员的人数取决于食典委活动的规模。

---

〔1〕任何国家的代表担任执行委员会委员者不得超过一名。按地理区域选举产生的执行委员任期从他们当选的那届食典委会议结束时起，到第二年例会结束时止。如果他们在当前任期内任职未超过两年，可连选连任，但是在连续两届任期后，在接着的下一个任期不得再担任此职。按地理区域选举产生的委员在执行委员会内要考虑食典委的整体利益行事。

〔2〕国际食品法典委员会秘书处：《程序手册》2012年第21版，第7~8页。

食典委和执行委员会的各种会议全部由食典委秘书处的官员来操作，开展会议的筹备工作，准备会议有关的各种事项，如汇编会议报告、分发各种报告文件等。食典委大会报告的准备是一项非常复杂、费时费力的工作，因为每个会议报告要在食典委大会闭会之前经到会者批准通过。食典委大会结束后，秘书处仍然需要大量的时间来确保各项工作的贯彻落实。

食典委下属的许多法典委员会由主持国提供财政、人力方面的支持，因此，食典委的秘书处需要进行协调与监督。食典委秘书处与主持国委员会的人员协商会议的时间、地点，最终确定会议议程，向成员方和相关主体分发邀请信与会议议程，会议过程中需要进行会议记录，会议结束后需要向成员方和相关主体分发会议报告等文件，并确保会议决定得到贯彻落实。每一年食典委各个委员会举行的会议有几十次，食典委秘书处的工作任务非常艰巨。

第二节　附属机构：法典委员会

食典委《章程》第 7 条规定："如有必要的经费，食典委可设立完成其任务所必需的其他附属机构。"这一权力在实践中被食典委广泛运用。1963 年食典委第 1 次会议上，食典委建立了 9 个法典委员会。经过多年发展，至今附属机构包括 10 个综合主题法典委员会、16 个商品法典委员会（其中 5 个无限期休会、4 个已经废除）、8 个特设工作组（均已全部废除或解散）和 6 个协调委员会。鉴于这些委员会在标准制定过程中的主要作用，附属机构的数量增加也被认为是食典委权力的内容。这一权力也加强了食典委作为协调国际食品标准制定行为推动者的地位。经过多年的发展，食典委已经建立起组织框架使其能与其他国际标准制定组织进行合作，食典委的工作甚至取代了某些外部国际机构或组织。食典委成立之初的想法是外部国际机构或组织在准备标准草案中发挥主要作用，而法典临时专家组只在没有合适的外部机构组织存在时成立。然而，食典委第3次会议决定建立鱼及渔业产品法典委员会，接管了原来负责准备鱼及渔业产品标准草案的粮农组织渔业部（FAO Fisheries Division）。类似的例子还有许多，这表明食典委在食品标准制定中不仅作为协调国际食品标准制定的推动者而发挥作用，而且越来越多地作为国际食品标准制定的主导者而发挥作用。

一、法典委员会的种类

《议事规则》第11条规定："食典委可设立下列类型的附属机构：(a) 完成标准草案定稿工作所需的附属机构；(b) 以下形式的附属机构：(i) 法典委员会，其任务是拟定提交给食典委的标准草案，无论是供全球使用的标准，还是供某一特定区域或食典委列举的某一国家集团使用的标准。(ii) 区域或国家集团协调委员会，在拟定相关区域或国家集团的标准过程中行使总体协调职责，以及可能受托而履行的其他职责。"[1] 根据《议事规则》第11条的规定，食典委有权建立法典委员会负责准备标准草案，建立地区或国家团体协调委员会。食典委有权解散这些委员会或者宣布休会。某一附属委员会某一段时间完成其任务后可以休会，当属于其职权范围内的标准需要审查或修改时可以重新激活其活动。

根据《议事规则》第11条规定，食典委可以建立的附属机构主要有三类，即法典委员会（包括综合主题委员会和商品委员会）；特设政府间工作组；法典协调委员会。前两类主要负责标

---

〔1〕 国际食品法典委员会秘书处：《程序手册》2012年第21版，第7~8页。

准草案的准备和呈交工作，最后一类主要负责协调区域性国际组织或成员国在该地区的食品标准，包括制定和协调地区标准。法典委员会体系的一个显著特点是，各个法典委员会有一个主持国主要负责委员会机构的运行与费用，并委派主席（少部分例外）。

（一）综合主题委员会和商品委员会

第一种附属机构是法典委员会，包括两个类型，即综合主题委员会和商品委员会。

1. 综合主题委员会。综合主题委员会负责横向事务或者超过一种商品或一类商品相关的事项，例如食品添加剂、农药与兽药残留、食品标签、食品卫生、分析与采样方法等。因其工作与所有商品委员会有关，故综合主题委员会有时也被称为“水平委员会”。综合主题委员会主要负责拟定适用于食品的概念和原则，包括普通食品、特殊食品或分类食品，依据科学机构专家的意见，批准食品法典商品标准的有关规定，为保障消费者健康与安全提供重要建议。

到目前为止，食典委共建立了10个综合主题法典委员会，包括：食品污染物法典委员会（CCCF）、食品添加剂法典委员会（CCFA）、食品卫生法典委员会（CCFH）、食品进出口检验和认证系统法典委员会（CCFICS）、食品标签法典委员会（CCFL）、通用原则法典委员会（CCGP）、分析和采样方法法典委员会（CCMAS）、营养和特殊膳食用食品法典委员会（CCNFSDU）、农药残留法典委员会（CCPR）、食品中兽药残留法典委员会（CCRVDF）。[1]通过这些委员会的工作，或者制定形成一项一般标准、操作规范或准则，或者形成一个商品标准的一部分。

2. 商品委员会。商品委员会负责为特定的某种食品或某类食

---

〔1〕 国际食品法典委员会官网：http://www.codexalimentarius.org/。

品拟定标准。商品委员会主要突出其专一的职责，因此不同于“水平委员会”，其被称之为“垂直委员会”。商品委员会根据需要召开会议，食典委可根据其工作完成情况，决定是否暂停或结束某商品委员会，为了拟定新的标准以满足特定要求，可以成立新的委员会。

到目前为止，食典委共建立了16个商品委员会，其中5个已经无限期休会，4个已经废除。具体包括可可制品和巧克力法典委员会（CCCPC，无限期休会）、谷物和豆类法典委员会（CCCPL，无限期休会）、鱼和鱼制品法典委员会（CCFFP）、新鲜水果和蔬菜法典委员会（CCFFV）、油脂法典委员会（CCFO）、食用冰法典委员会（CCIE，废除）、肉类法典委员会（CCM，废除）、乳与乳制品法典委员会（CCMMP）、肉类卫生法典委员会（CCMPH，无限期休会）、天然矿泉水法典委员会（CCNMW，无限期休会）、加工水果和蔬菜法典委员会（CCPFV）、加工肉禽类制品法典委员会（CCPMPP，废除）、糖类法典委员会（CCS）、汤类法典委员会（CCSB，废除）、香料、厨用香草法典委员会（CCSCH）、植物蛋白法典委员会（CCVP，无限期休会）。[1]

（二）特设政府间工作组

第二种附属机构是特设政府间工作组。1999年食典委开始建立一种新型的附属机构即特设政府间工作组，它是食典委根据法典工作的特定需要成立的临时政府间工作机构。这些机构负责在一定时间内完成一定的工作，具有临时性，工作任务一旦完成即宣布解散。建立一个工作组与特定的任务有关，与法典委员会相比，其能够在其职权范围内决定自身任务。工作组如果没有在规定的时间内完成其任务，需要食典委批准后完成其工作，如果已

〔1〕 国际食品法典委员会官网：http://www.codexalimentarius.org/。

经完成了任务将停止存在，为了重新运作，也需要食典委的决定。

到目前为止，食典委共建立了 8 个特设政府间工作组，不过都已经废除或解散，具体包括：食典委/国际橄榄油理事会佐餐橄榄油标准化联席会议（CXTO）、联合国欧洲经济委员会/食典委果汁标准化联合专家组（GEFJ）、联合国欧洲经济委员会/食典委速冻食品标准化联合专家组（GEQFF）、动物饲养特设政府间工作组（TFAF）、耐药特设法典政府间工作组（TFAMR）、生物技术食品特设法典政府间工作组（TFFBT）、果蔬汁特设法典政府间工作组（TFFJ）、速冻食品加工处理特设法典政府间工作组（TFPHQFF）。[1]

（三）地区协调委员会

地区协调委员会促进成员间的信息交流，促进该地区大多数成员紧密相连的利益。地区协调委员会负责协调各区域或成员国组织食品标准的活动，也可以制定区域食品标准。地区协调委员会没有常设的东道国，通常每隔一年至二年召开一次会议，各自区域的国家在该区域协调委员会中有广泛的代表性，所在区域的各个国家都可以积极广泛参加会议。地区协调委员会的会议报告需提交食典委讨论。

主持协调委员会的国家同时担任该区域的协调员。协调委员会的成员资格对该区域内的所有既是粮农组织和（或）世卫组织的成员或准成员，又是食典委成员的国家开放。区域协调委员会的主要作用是确保食典委的工作符合该区域利益并反映该区域内成员的利益和其所关注的问题。

到目前为止，食典委共建立了 6 个地区协调委员会，包括：粮农组织/世卫组织非洲协调委员会（CCAFRICA）、粮农组织/世卫

〔1〕国际食品法典委员会官网：http://www.codexalimentarius.org/。

组织亚洲协调委员会（CCASIA）、粮农组织/世卫组织欧洲协调委员会（CCEURO）、粮农组织/世卫组织拉丁美洲和加勒比协调委员会（CCLAC）、粮农组织/世卫组织北美洲和西南太平洋协调委员会（CCNASWP）、粮农组织/世卫组织近东协调委员会（CCNEA）。〔1〕

二、法典委员会的运行规则

法典委员会和特设政府间工作组的职责规定在《程序手册》的文件中，例如《食典委使用的定义》、《法典委员会指南》、《商品委员会和综合主题委员会的关系》等文件。法典委员会和特设政府间工作组在标准制定程序中具有重要的作用和功能，负责确立工作重点、准备标准草案提案和标准草案。

法典委员会和特设政府间工作组的成员包括已经通知联合国粮农组织和世卫组织总干事愿意参加食典委的成员。地区协调委员会的成员仅限于该地区的成员。法典委员会，尤其是综合主题委员会通常具有高度专业化，因此《议事规则》第11条规定，附属机构成员的代表应该是该领域的专家。

法典委员会和特设政府间工作组由一名代表任主席，该代表是由法典成员指定的，该法典成员负责该附属机构的组织和行政。每个地区协调委员会有一个协调员，由该委员会任命。协调员在执行委员会中有观察员的地位，代表其所代表的地区，通常是主席来充任协调员。食典委的观察员也有权利成为法典委员会和特设政府间工作组的观察员。

上文指出，食典委的经费来自于其上级组织，这对其是一个严重的限制，也就是说建立附属机构需要得到其上级组织的同意，因为建立附属机构与财政经费的可利用性有很大关系。然

〔1〕 国际食品法典委员会官网：http://www.codexalimentarius.org/。

而，食典委《章程》第9条规定：食典委及其附属机构的工作经费应由粮农组织和世卫组织联合食品标准计划的预算承担，并由粮农组织依据粮农组织的财务条例代表两组织执行，由成员接受主持的附属机构的工作经费除外。[1] 可见食典委《章程》将附属机构的运作费用从联合食品计划预算中排除，只要有成员接受该附属机构成为主持国，即由该成员负责该附属机构的行政与预算。这一规定为食典委建立附属机构提供了极大的便利，这意味着得到成员方的经济支持，由该国负责一个附属机构的行政、组织与财政即可建立。通过这种方法，食典委可以在建立附属机构的事项上保留较大程度的自由裁量权。法典委员会主持国的指定是永久性的，只有该委员会解散时才结束。对特设政府间工作组主持国的任命是在其工作结束时而结束。

法典委员会主持国的地位相当于自动授予主持国以该委员会主席的位置，主持国不仅负责该法典委员会的财政，而且负责其行政和组织。因此，主持国对于法典委员会的运作具有较大的影响力。尽管存在一些弊端，获得主持国支持与资助这种方法可以确保食典委附属机构的良好运作。大多数附属机构都得到主持国的财政支持，从而使食典委能够建立大量的附属机构，有效发挥其职能。

第三节　科学专家机构与联合信托基金磋商小组

一、科学专家机构

在联合食品标准计划框架中食典委负责执行风险管理，为了

---

〔1〕 国际食品法典秘书处：《程序手册》2012年第21版，第4页。

进行科学评价，其依赖科学机构作出的风险评估，风险管理和风险评估是分开的，这些科学机构是在食典委的组织框架之外的。科学专家机构负责风险评估，独立于食典委，直接对粮农组织和世卫组织负责。

为食典委提供科学评估的主要科学专家机构或会议包括：粮农组织/世卫组织食品添加剂专家联合委员会（JECFA），粮农组织/世卫组织农药残留联席会议（JMPR），粮农组织/世卫组织微生物风险评估专家联席会议（JEMRA）。此外，科学评估也可以由其他机构基于不定期咨询而提供。科学评估专家机构虽然不是食典委组织结构中的正式组成部分，但是为制订食品法典标准所需的信息提供独立的专家科学建议。

粮农组织/世卫组织食品添加剂专家联合委员会是一个由联合国粮农组织和世界卫生组织共同管理的国际专家科学委员会。该委员会就食品中与人类消费相关的添加剂、污染物和天然毒素以及兽药残留的化学、毒性和其他方面的安全性等考量与评估。该委员会发挥着独立科学委员会的作用，负责进行分析评估并向粮农组织、世卫组织及该两组织的成员提供有关建议。向该委员会提出科学建议的要求对食典委在粮农组织/世卫组织联合食品标准计划项下制定国际食品标准和准则的工作具有重要作用。食品添加剂专家联合委员会的评估被食典委中的几个附属机构使用，主要是食品污染物法典委员会（ CCCF）、食品添加剂法典委员会（CCFA）、食品中兽药残留法典委员会（CCRVDF）。

粮农组织/世卫组织农药残留联席会议不是食品法典委员会架构中的正式组成部分，但该联席会议向食典委及其农药残留法典委员会提供着独立科学专家建议。农药残留联席会议不同于食品添加剂专家联合委员会，它不是一个专家组，而是一个联合会议，由粮农组织的专家小组和世卫组织的科学小组共同召开的会议。农药残留联席会议的目的是对食品和环境中的农药残留的各个方面给予建议。农药残留联席会议的评估主要为农药残留法典委员会（CCPR）所使用。其中粮农组织的专家小组和世卫组织的科学小组有不同的分工。粮农组织和世卫组织也各自开办了网站，从两个母体组织的角度重点介绍该联席会议的工作。

粮农组织/世卫组织微生物风险评估专家联席会议不是食典委架构中的正式组成部分，但该联席会议向食典委及其各法典委员会提供着独立科学专家建议。粮农组织和世卫组织各自开办了网站，从两个母体组织的角度重点介绍该联席会议的工作。

上述主要的科学评估机构都是根据粮农组织和世卫组织的规定而建立的，依据《联合国粮食及农业组织章程》第6条的规定，这些机构可以提出建议，这些建议可以是依据粮农组织或者世卫组织或者其成员方或者食典委的要求而作出。对于数据的重新评估可以由问题数据的赞助者提出请求，此外，也可以由专家机构自身提出。当然，食典委及其附属机构的请求构成了这些科学专家机构的主要工作。科学专家机构的内部工作规则规定在粮农组织和世卫组织的相应文件中。

科学专家机构或专家会议由专家组成，这些专家代表是独立的个体而不代表其所属国家或机构。所有的专家机构不对食典委的观察员开放。科学机构或专家会议的专家主要有两种。第一种是专家成员，这类专家在风险评估中作为决定制定者负责会议的举行。食品添加剂专家联合委员会和农药残留联席会议分别由15名专家成员组成，其中7名由世卫组织选出，8名由粮农组织选出。参加微生物风险评估专家联席会议的专家有16名。第二种是负责草拟工作论文的专家。这类专家草拟、准备工作论文提交给专家成员进行评论并将其作为科学讨论的基础。此外，科学数据的提供者（例如农药、兽药或添加剂的生产者）在这些专家机构或专家会议期间也会被咨询，他们有责任提供所有公布的或未公布的信息，提供背景信息和接受专家的提问。上述专家、咨询者或临时咨询者的选择是由世卫组织和粮农组织分开进行的。

科学专家机构和专家会议由粮农组织和世卫组织的联合秘书处管理。联合秘书处的职责是组织会议、组织参与者、准备文件、编辑和出版报告等工作。科学专家机构和专家会议由粮农组织和世卫组织财政预算定期资助经费和开展管理，独立于食典委，虽然也有额外的预算资金，但也经常面临财政紧张问题。

二、联合信托基金磋商小组

2003 年 2 月 14 日，世卫组织总干事格罗·哈莱姆·布伦特兰博士和粮农组织总干事雅克·迪乌夫博士在食典委第 25 届（特别）会议期间举行的一次仪式上启动了“食典信托基金”。该基金力争在 12 年期间筹措 4000 万美元，用于帮助发展中国家和转型国家提高对食典委重要工作的参与度。

由粮农组织和世卫组织高级官员组成的一个粮农组织/世卫组织磋商小组负责该基金的运行。该项目和有关资金安排的日常管理由世卫组织依照其正常程序、依托其食品安全与人畜共患病司并通过与粮农组织密切协调的方式予以实施，尤其是在申请人审核和确定以及能力建设活动方面。所有活动均以完全透明的方式进行并与所有相关各方保持紧密沟通。该小组主要是为信托基金提供指导等，帮助发展中国家、提高发展中国家积极广泛参与食典委各项活动的能力。该小组直接对两个上级组织的总干事负责，独立于食典委，与食典委各自发挥独立作用。[1]

世卫组织通过其“促进健康自愿基金”负责对资金进行经营

〔1〕 国际食品法典委员会官网：http://www.codexalimentarius.org/。

和管理。该信托基金拥有独立的财务管理和报告制度。所有捐款和开支均分别记账，指明每一个捐助者并在世卫组织的财务报告和审计报表中进行上报。该信托基金根据世卫组织《财务条例和规则》开展内部和外部审计程序。

本章小结

FAO/WHO 联合食品标准计划的主要动因是各国公认在食品标准领域开展国际合作的必要性与重要性，食典委成为执行这一计划的主要机构。食典委属于两个上级组织的附属机构，其被赋予的权力源于其上级组织的授权，一方面食典委实施其被赋予权力的能力很大程度上取决于其组织框架与运行机制，另一方面正是对这些授权的运用使得食典委建立起坚固的组织框架与运行机制。

食典委被赋予的权力使其通过制度建设建立不同种类的附属机构，并发展成为一个重要的国际标准制定机构。食典委的附属机构主要有各种法典委员会和特设政府间工作组。食典委也克服了对其两个上级组织的财政依赖，通过“主持国建设”方式使食典委成员承担了附属机构的财政和行政责任，从而使食典委更加充分地发挥其权能。除了食典委及其附属机构，其他机构和组织也在联合食品标准计划中被赋予了不同的任务，例如科学专家机构和联合信托基金磋商小组，这些机构直接对粮农组织和世卫组织这两个上级组织负责。科学专家机构和食典委的制度关系是基于分权基础而实施的风险评估者与风险管理者的关系，二者独立开展工作。联合信托基金磋商小组的主要任务是帮助发展中国家，提高其对食典委及《国际食品法典》制定的参与度。

第三章

《国际食品法典》的实质内容与制定程序

第一节 《国际食品法典》 的结构与内容

联合食品标准计划的一个主要目标是建立食品法典，食品法典是国际公认的、由食典委采纳、通过并以一种统一形式提出的国际食品标准汇集。除了食品标准，食品法典也包括其他措施，作为标准的补充，例如卫生操作规范、采样和分析方法准则等。食典委的《程序手册》中指出：“ 食品法典包括预期出售给消费者的所有主要食品的标准，无论是加工的、半加工还是未加工的食品。食品法典包括食品卫生、食品添加剂、农药残留、兽药残留、污染物、标签及其说明以及分析和采样方法等方面的规定。食品法典标准包括的对食品的各种要求，旨在确保消费者获得的食品完好、有益健康、没有掺假、标签及描述正确。”

食品法典的结构是按照两种方法安排的，经过多年实践发展，这些方法已经发生了改变。1962 年联合食品标准计划建议通过制定基于商品的标准来完成食品法典，这意味着标准将涵盖与某一特定食品或商品相关的所有事项。这种方法旨在建立统一形式呈现的国际食品标准集合，所有标准以特定形式呈现，并以统一形式表达在《食品法典通用原则》以及《法典商品标准格式》中。然而，经过实践表明，一般标准（即涉及所有食品、商品或一类食品、商品的所有事项的标准）的功能比商品标准更加重要。此外，地区性标准的最初想法，即由某一地区成员制定、通过和适用的标准，也是食品法典的一个重要的内容，然而实践中地区性标准的作用在不断减弱。

一、从垂直方法到水平方法

19世纪60年代，食品标准的制定主要采用基于商品制定法典的垂直方法，而水平方法的事项，例如食品添加剂、卫生和标签等，仅仅在与商品标准相关的程度上进行探讨。国际食品法典首先通过的是商品标准。例如，在奶酪产品领域，标准甚至可以称之为品种标准，因为其只关注相同产品或子产品的某一特定种类标准。商品标准必须遵守《法典商品标准格式》（以下简称《格式》）准备、制定。《格式》提供了每一个商品标准必须包含的要素：标准名称、范围、描述、基本成分和质量因素、食品添加剂、污染物、卫生、重量和度量、标签和分析采样方法等。例如，关于古达干酪的法典标准，其规定包括：牛奶种类、授权允许的添加剂、奶酪的形状、尺寸、重量、果皮和奶酪孔的制作方法等。规范奶酪孔的制作方法标准从针头大小到豌豆大小有不同规定。只有符合标准所规定的这些特征的奶酪才能称为古达干酪。[1]

这种基于商品制定法典的垂直方法存在以下缺点：商品标准通常在内容上规定得非常详细，但成员国的适用和实施非常困难，因此这种方法作为食品标准融合统一的工具并不合适。这种方法只涵盖市场上的一种商品，对于促进融合统一是一种较为缓慢的方法。因此，需要能够涵盖更多事项的一般性标准。经过多年的实践，食品添加剂、标签等不断以独立的标准形式出现，而

---

〔1〕 Codex Stan C-5-1966.

不是成为商品标准的一部分。从原则上讲，这些标准的格式已经偏离了对商品标准所规定的《格式》，大多数情况下只集中于所列的某一事项。早期的例子如 1981 年《食品添加剂标签的通用标准》、1983 年《辐照食品通用标准》等表明越来越多的关注集中于一般事项、通用事项从而制定一般标准。1991 年粮农组织和世卫组织联合会议《关于食品标准、食品中的化学物质和食品贸易对食典委的重要意义和影响》表达了水平方法的重要性。水平方法强调制定一般通用事项的标准是完成食品法典的最重要的方法。当然，食典委仍然可以制定商品标准。这意味着商品标准仍然可以通过，事实上商品标准仍然继续成为所通过标准的重要部分。在 2003 年 2 月食典委的会议上，再次达成广泛共识，食典委的工作应该集中于一般通用事项而非特定商品。

二、地区性标准与世界性标准

食典委《议事规则》第 8 条中规定："应特定地区或国家集团的多数食典委成员要求制定一项标准时，相关标准应作为主要适用于该地区或国家集团的标准予以制定。在对制定、修正或通过一项主要适用于某一地区或国家集团的标准草案进行表决时，只有属于这一地区或国家集团的成员国才可参加投票。然而，只有在把文本草案交给食典委所有成员征求意见之后，才可通过这项标准。本条规定不应影响制定或通过一项具有不同地域适用范围的相应标准。"〔1〕食典委的最初几年，地区标准被认为是食典委的重要部分，主要原因是联合标准食品计划是欧洲食品法典委员会（Codex Alimentarius Eropaeus，欧洲发展食品法典的早期努力）的一种延续，该组织的理事会并入食典委的制度体制框架成

〔1〕 国际食品法典委员会秘书处：《程序手册》2012 年第 21 版，第 9 页。

为欧洲地区委员会。

地区性标准具有一定的合理性，其可以促进地区水平上食品安全标准的融合。如果没有全球范围内的可行性标准，地区标准至少被认为是实现食品标准融合统一的一步。地区性标准存在的潜在风险是发展地区标准涵盖的产品已经超过了地区贸易，可能在国际水平上阻碍贸易，因此应通过修改程序规则来限制地区标准所涵盖产品的范围，将其限制在那些仅在该地区生产和消费的食品产品上。事实上，法典协调委员会的职权范围清晰地反映了这一限制，其规定是“发展在该地区贸易流动或主要在该地区贸易流动的食品产品的标准”。当食品产品的贸易有国际市场的潜力时，法典协调委员会建议准备、制定世界范围标准。制定一项地区性标准的提案主要由该地区法典成员大多数提出。而决定制定一项世界性标准还是地区性标准由食典委作为整体来决定。

三、其他种类的法典措施

《食品法典通用原则》中表明，食品法典除了包括标准，还包括其他措施，例如操作规范、准则和其他建议，来帮助实现食品法典的目的与宗旨。尽管食典委《章程》对食典委的这一权力没有明确的规定，食典委第5次会议认为《章程》第1条中关于保护消费者健康的规定是发展卫生操作规范的充分基础。这种结论也得到粮农组织和世卫组织法律咨询的确认，认为第1条（a）及（b）赋予了食典委充分权力发展其他建议性措施。

食品法典中的操作规范、准则和最大残留量等其他法典措施与法典标准分开公布，法典标准和最大残留量具有强制性，操作规范、准则仅具有建议性质。[1]

---

〔1〕 国际食品法典委员会秘书处：《程序手册》2012年第21版，第15页。

操作规范主要集中在卫生实践，包括确保食品生产、加工、包装、运输、分配过程中的卫生具体要求。食品卫生操作通用原则建议国际规范（Recommended International Code of Practice General Principles of Food Hygiene，RCP）中包含了HACCP体系（危害分析与关键控制点），是各国确保卫生实践的监管基础。这些操作建议规范的目标群是食品生产者和销售者，规范旨在确保卫生实践的统一适用。

准则涉及各种事项与问题，大多数准则解决控制和检查问题以及与建立卫生要求、最大残留量、食品成分要求直接相关的分析和采样方法问题。这些准则直接针对法典成员，目的在于推进统一的合格评价程序的适用。准则也包括信息交流等事项。

食品添加剂和污染物的最大残留量是商品标准、食品添加剂通用标准或者污染物通用标准的一部分。农药和兽药最大残留量单独分开公布。一项最大残留量水平表明经过食典委的考量，为确保食品安全，食品中该物质的最大浓度在法律上是允许的。单独的农药和兽药残留量一旦被法典成员接受也具有强制性。

四、各种法典措施之间的关系

从垂直方法到水平方法的转化，以及上述各类法典措施，表明国际食品法典不仅仅是特定商品标准的集合。正如同联合食品标准计划制定者们所预期的，经过多年实践，食品法典已经发展成为一个复杂的食品要求体系，包括食品标准、操作规范、准则、农药和兽药最大残留限量以及其他措施等。

食品法典不断发展带来的一个后果是上述法典措施之间的范围重叠与冲突，例如在法典标准与其他法典措施之间、通用标准与商品标准之间存在重叠，关于商品标准中的卫生操作规定包含在操作规范中，分析采样的规定包含在商品标准和准则中。食典委第5次会议表明旨在具有强制性地位的卫生操作规定（尤其是涉及最终产品规格的规定）可以包含在法典标准中。大量的实践表明分析和采样方法在最大残留量中的作用，如果没有恰当的分析采样方法这一实施工具，农药、兽药最大残留量不可能通过步骤7。以前存在的法典接受程序也表明，如果对于商品标准的分析和采样方法不接受意味着对法典标准本身的接受具有特定的偏离。

因此需要合理规范避免重叠和冲突。从垂直到水平方法的转变表明食典委倾向于采纳水平方法制定通用标准。对于通用规定附加或补充的特定规定与通用规定同时存在是具有合理性的。例如，关于包装食品标签的通用标准，该通用标准的豁免或增补规定对解释这一通用标准非常必要，因此具有充分的合理性，当然也应该给予一定的限制。《格式》以及《通用标准与商品标准之间的关系》中包含着在商品标准中引用通用标准的倾向，例如在《格式》中关于标签的规定表明："商品标准中标签的规定应该通过引用的方式包含在预包装食品标签的通用标准中。"同样的，《商品标准与通用标准之间的关系》也表明："法典通用标准、规范或准则的规定应该通过引用包含在法典商品标准中，除非有必要不这样做。"某些特定食品，商品标准中可能包含附加性或者背离性的规定，在这种情形下为了避免冲突或重复，食品法典中也包含一些规定避免两个规定同时适用。

在既没有通用标准也没有商品标准规定时，二者的关系可以适用特殊规定优于一般规定这一原则。在食品法典体系中，这一原则比新法优于旧法原则更加适合。因为食品法典规范体系处于不断发展中，规定的修改相对比较容易，事实上，法典措施也应该经常被修改、完善。因此，我们不能认为之前的法典措施与之后的法典措施相比，不能反映成员方的意图。鉴于这一事实，特殊规定优于一般规定的原则更加符合法典的结构，这也是《程序手册》中指导一般规定和特殊规定之间关系的规范性规则。

第二节 《国际食品法典》中法典措施的范畴

《食品法典通用原则》第1条规定表明法典标准及相关文本旨在保护消费者健康，确保食品贸易公平。

一、保护消费者健康

食品法典中所包含的标准及相关法典措施的目的在于保护消费者健康，使其免受所消费的食品带来的健康威胁。2003年2月食典委特别会议强调其优先考虑的是发展与保护消费者健康相关的标准。

在商品标准、通用标准、最大残留量、建议操作规范和准则中都包含食品安全的规定。例如，商品标准要与《格式》的要求相符合，包括标准名称、范围、描述、基本成分和质量因素、食品添加剂、污染物、卫生、重量和度量、标签和分析采样方法等。通用标准也是以安全标准为特征的，主要包括食品安全的规定。[1]例如，《食品添加剂通用标准》中包含允许使用的食品添加剂的规定以及每种食品中允许的最大残留水平。建议操作规范中也包含食品安全的规定，主要是关于降低微生物风险的卫生要求。制定食品卫生规定目的在于使用一种比最终产品检测更加广泛的方式进行食品控制。例如，《冷藏包装食品卫生操作规范》第1条就包含这样的食品安全规定。准则也包含一些建议性的分析采样方法，旨在帮助法典成员检查确认遵守最大残留量标准。例如，《建立控制食品中兽药残留管理计划的法典准则》为了有

---

〔1〕国际食品法典委员会秘书处：《程序手册》2012年第21版，第15页。

效控制残留量确保食品安全对采样的方法和类型、样品的选择、是否符合法典兽药最大残留量都进行了界定，规定了每种食品实验室样品的最小数量以及如何收集食品样品，也规定了与残留控制方法相关的实验室操作实践。

上述食品安全规定是经过标准制定程序中大量探讨、最终得以通过的。探讨的事项既有科学事项，也有政治事项，因此，食品安全规定具有跨学科性。例如，食品安全规定中建立最大残留量既包含科学性也包括政治性事项，这反映了食典委在融合统一过程中意欲实现的广泛的事项。首先，最大残留量的内容必须具体。农药残留的法典最高限量（MRL）是指由食典委提出的，在食品和动物饲料内部或表面法定允许的农药残留最高浓度（以 mg/kg 表示）。最大残留量是根据良好农业规范数据确定的，用符合最大残留量规定的产品生产出的食品从毒理学角度评价是可接受的。兽药残留的法典最高限量指由食典委提出的，在食品内或表面法定允许或认为可以接受的因使用某种兽药而残留的最高浓度（根据鲜重以 mg/kg 或 μg/kg 表示）。[1] 最大残留量反映食品中允许某物质的最大量，尽管使用这种简单数值来表达，最大残留量本身却涵盖了对许多事项的考量。最大残留量的计算是基于 ADIs（每日容许摄入量），即食品中该物质的浓度水平，基于每个人一生中每天摄入量计算，预计不会构成健康危害。ADIs 是基于世界范围内不同饮食习惯的 5 个地区的饮食而作出的，突出反映 ADIs 对世界人口的代表性。其次，最大残留量的建立与规范食品添加剂、兽药、农药以及污染物的规定密切联系，都是为了减少这些物质在食品中的存在。例如，国际上确定的允许食品中存在污染物和有毒物质的最大水平是基于所谓“合理实现的

---

〔1〕 国际食品法典委员会秘书处：《程序手册》2012 年第 21 版，第 17 页。

最低水平原则”（ALARA 原则，as low as reasonably achievable），这意味着允许的残留最大水平取决于避免污染物和有毒物质的合理性和经济可行性、国际贸易情形、食品的可替代生产方法等因素。食品法典关于污染物和有毒物质的通用标准中规定了决定食品污染物和有毒物质可接受最大水平时的考量因素。除了有毒物质毒理信息外，考量因素还包括分析性数据、摄入量数据、公平贸易考量（例如国际贸易中存在的和潜在的问题）、各国法规信息等。此外，也需要考虑阻止污染物和有毒物质进入食品链的技术可能性和其他可替代解决方法。

二、确保食品贸易公平

在通用标准、商品标准和准则中也包含了反对虚假信息或误导信息以及其他欺诈性信息的规定。虽然法典措施不是详尽无疑的，但法典的规定通常包含了非常详细的食品名称或标签的交易描述。例如，关于食品名称的规定旨在帮助消费者基于知情而作出选择，避免低质量的食品用传统的名称来误导消费者。商品标准中的名称规范规定了商品的定义，决定了在多大范围内的商品可以进行相应的命名。例如，关于巧克力的命名规范明确指出了被命名为巧克力的产品所含有的可可固体百分比。同样的，酸奶和加糖酸奶的规定表明了产品中要求达到的乳脂含量和固体非乳脂含量的百分比。不同种类奶酪的命名规定详细指出每一种奶酪的主要特征和特定的制作方法，符合这样的规定才能被命名为该种奶酪。其他关于公平食品贸易实践的标签规定，如列举成分或营养成分、净含量、日期标示和储存说明等。

三、解决各国情形的多样性

法典成员中不同国家有不同的情形，这对于通过统一的法典措施实现食品标准的融合是一种挑战。

（一）因多样性而带来的科学不确定性

食品安全标准制定中的一个复杂问题是数据的可获得性（可用性），是否可以获得充分有效的数据对于标准的制定和接受非常重要，缺乏有代表性的充分数据会损害安全标准的科学基础。

对于兽药、农药残留、食品添加剂和污染物残留标准，如果能够确保可以获得所有相关数据并用于评估，则可提出议案启动制定程序。对于某一种物质，如果以前没有做过评估，这种物质是否被包含进日程表取决于相关专家机构的联合秘书处是否能够获得相关数据，例如是否有一个或多个数据提供者提供数据，或者是否可以从其他来源（政府机构或公开发表的文献中）获得数据。这意味着标准制定程序的成功，包括对农药、兽药和食品添加剂的评估，很大程度上取决于相关工业（其作为大多数数据的提供者）是否愿意将数据提供给专家机构。

实践中经常存在的情形是，收集到的数据并不能反映法典成员的不同情形，这可能导致食典委通过一项法典标准的失败。一旦最大残留量被列入专家机构的议程，该机构就会对所有成员发出请求提供相关数据。然而，发展中国家在为专家机构秘书处提供数据方面经常面临困难。例如，在某些情形下，发展中国家可以提供关于补贴程序（允许程序）的信息，但因为发展中国家小规模和中等规模农场实践以及其法律和行政基础设施不健全的问题，很难提供关于良好农业实践（GAPs）的信息以及现场实践的信息。发展中国家面临的另外一个困难是关于农药最大残留量，法典的农药最大残留量是基于发达国家的农药使用信息而建立的，尤其是基于美国和欧盟成员国的数据信息，当某种农药在这些发达国家市场上禁止使用时，这意味着很难再获得相关数据，法典的最大残留量被宣告无效，然而，这些农药在发展中国家仍然继续使用。

与各国情形多样性相关的另外一个问题是从不同国家收集的数据可能来源于不同的途径，反映食品链中的不同阶段。例如，关于农药残留的数据，原则上是基于农药使用的现存规定。欧盟和美国（数据最重要的提供者）的监测检查实践是不同的，美国监测最大残留量的方法是集中于食品链的早期阶段，所谓的“Farm Gate”（农场之门），而欧盟的方法是集中于食品链的后期阶段，所谓的“Dinner Plate”（晚餐之桌），为了与数据的可比较性相匹配，法典倾向于采取美国的方法。

考虑到数据收集的这些问题与困难，食典委致力于在污染物领域增强法典操作规范的作用，希望通过成员国实施法典操作规范，可以获得更多的统一数据。2001 年，食典委通过了一项声明决定当缺乏科学数据和科学证据的情形下不通过标准，声明如下：当有证据显示存在对人类健康的威胁而科学数据不充分或不完全时，食典委将不推进标准的制定，但是会考虑制定一个相关文本，例如，操作规范，只要这样的文本获得科学证据支持。换句话说，当收集数据不充分时，食典委限制通过一项标准，将权利留给各国。这一声明某种程度上反映了一种预防方法。[1]在因数据不充分或缺乏一致意见而导致不能通过法典标准的情形时，采用并实施操作规范可以降低风险。然而，这一声明是否可以以及多大程度上可以被引用为预防原则，仍然存在争论。

（二）国家情形的多样性和非科学因素

不同国家处理食品生产、分配的不同实践以及对消费者保护的不同态度与看法使食典委通过食品安全法典措施和确保公平贸

---

〔1〕 S. Poli, “The European Community and the Adoption of International Food Standards within the Codex Alimentarius Commission”, *European Law Journal*, 10 (2004), p. 622.

易实践更加复杂。例如，矿泉水标准通过时，标准草案被提交以批准通过是基于欧洲关于矿泉水的标准，这其实是一个地区标准转化为全球标准。标准草案提议中包含矿泉水的定义，即“直接从自然获得或者从地下水中钻出，在临近源泉的地方使用特殊的卫生预防措施包装”。根据这一定义，在装瓶之前大量的运输水是不允许的，部分成员国认为这一定义是基于欧洲传统，而并没有考虑到其他地区临近水源处建立装瓶厂的困难。另外一个例子是关于营养价值作为标签信息一部分的讨论，焦点集中于营养价值是应以每100克标示，还是应以每杯、每汤匙标示，这主要是美国和英国的不同做法。

此外，因法典成员不同情形以及其消费者对可接受风险水平预期的不同也导致食品安全规定中对非科学因素考量的不同。对非科学因素的考量构成制定食品安全标准过程的一部分。例如，农药残留的计算是基于良好农业实践（GAPs）的定义，然而，对良好农业实践的看法因国家不同而不同，这与天气因素、特殊虫害等因素相关。对风险的不同认识也使食品安全遵循的方法很难达成一致。例如，制定奶制品（包括奶酪）卫生标准时，是仅使用法典食品卫生操作通用原则的HACCP体系确保安全，还是必须采取强制性的巴氏消毒存在争议。在讨论牛肉中的荷尔蒙残留量时非科学因素的考量也发挥了主要作用。欧共体提出的担忧包括荷尔蒙的使用、实施和控制最大残留量的实践可能性、欧洲消费者对经生长素处理的牛肉安全性的担忧等，而这些担忧并没有被包含进食品添加剂联合专家委员会的报告中。正是因为对这一问题没有达成协商一致，最终采取投票方式通过了最大残留量。

关于非科学因素考量的争议性也引起了通用原则委员会的关注。食典委通过了《关于科学在法典决策过程中的作用及在何种程度上考虑其他因素的原则声明》（以下简称《原则声明》）旨在澄清非科学因素在法典措施制定过程中的作用。《原则声明》指出，食典委考量的其他合法性因素不应该影响风险分析的科学基础，而应该是与健康保护和公平贸易实践相关的因素。然而，"其他合法性因素"这一术语在原则中没有定义，其范围也不明确。法典秘书处准备了一份文件，列出了在法典措施制定过程中考量过的因素，包括：经济的可持续发展；缺乏恰当的分析方法；技术的可实现性；安全因素（如消费者的年龄，饮食习惯）等。这份文件的法律地位如何尚不确定。

不管怎样，《原则声明》中有一点是确定的，即只有当这些因素被世界范围内接受才能予以纳入考量，其他不相关的因素或者不被世界范围内接受的因素由法典成员规范。对于这些情形，食典委通过一项原则："当出现法典成员就保护公共健康的必要水平达成统一意见，但是对于其他考量因素持有不同观点和看法时，成员方可以就接受相关标准弃权（接受程序中弃权），而不必阻止法典的决定。"〔1〕因此，与上文中处理缺乏充分有效数据信息的情形不同，当仅对其他考量因素达不成一致看法时，法典措施仍然是可以通过的，对于所有其他合法因素，即那些源于国家情形而没有被法典措施所涵盖的，（因为只有世界范围内接受的因素才能被包含），法典成员可以通过接受程序而背离这些措施。

第三节 《国际食品法典》 的制定程序

一、法典标准制定的一般程序

食典委被赋予的一项重要权力是可以发起标准草案的准备并

〔1〕 国际食品法典委员会秘书处：《程序手册》2012 年第21 版，第159 页。

最终通过标准及公布标准。食典委通过标准并不需要其上级组织的同意，因此食典委可以独立的实施其规范性权力。这一权力因食典委能建立和修改标准制定程序而不需要上级组织的同意或批准得到进一步加强。1964 年食典委在其第 2 次会议上提出《议事规则》的修改案，使其能够建立和修改标准制定程序，最终得到联合总干事的同意。该次会议上，食典委建立了包含标准制定和标准接受共 10 个步骤的法典标准制定程序。该程序建立以来，几经修改，其中一次重要的修改是在第 14 次会议上将标准制定程序中制定与接受程序相分离，并将 10 个步骤减少为 8 个步骤，标准的公布和接受程序由单独规范加以规定，这样分离的主要原因是原有程序下法典标准很难获得足够的成员接受。

标准制定程序，也可以称为法典制定程序，适用于各种文件的制定和通过，包括标准、准则和操作规范以及内部工作程序文件，除了修改《议事规则》。食典委成立之前，不同类型的标准存在不同的制定程序，例如地区性标准与世界性标准，农药和兽药最大残留量，食品添加剂的纯度，牛奶和奶制品标准，国际奶酪标准等都有不同的制定程序。食典委成立之后，这些程序都包含在一个统一的法典制定程序中。法典标准制定程序已经成为加强食典委作为国际食品标准协调者地位的手段与方式。食典委的工作方式不是将其他国际组织制定的国际标准直接纳入到《国际食品法典》中予以公布，而是要求其作为标准草案提交、置于法典标准制定过程中，将其变成法典的一部分。

食典委《国际食品法典》的法典标准及相关文本的统一制定程序由 8 个步骤组成：[1]

步骤 1：结合执行委员会持续开展的严格审查结果，食典委

---

〔1〕 国际食品法典委员会秘书处：《程序手册》2012 年第 21 版，第 23 ~ 24 页。

决定制定某项全球性食品法典标准，并决定由某个附属机构或其他机构承担这项工作。制定全球性食品法典标准的决策也可由食典委附属机构根据上述结果做出，但在决策之后需尽快获得食典委批准。在制定区域性法典标准时，食典委根据所属某一区域或国家集团的多数成员国在食品法典委员会会议上的决议做出决定。

步骤 2：秘书处安排起草一项拟议标准草案。在制定农药或兽药残留最高限量时，秘书处要分发从粮农组织食品及环境农药残留专家小组与世卫组织农药残留联席会议，或从粮农组织/世卫组织食品添加剂专家联合委员会获得的最高限量建议。粮农组织和世卫组织开展风险评估工作的任何其他相关信息也应一并提供。在制定乳和乳制品标准或奶酪标准时，秘书处要分发国际奶制品联盟（IDF）的建议（尽管在《制定程序》中没有正式规定，拟议标准草案的准备经常交由法典成员、政府间国际组织或者非政府间国际组织来完成）。

步骤 3：拟议标准草案送交食典委成员和相关国际组织，征求其意见，包括拟议标准草案对经济利益的可能影响。

步骤 4：秘书处将收到的意见转交给有权审议这些意见和修改拟议标准草案的附属机构或其他有关机构。秘书处往往是将收到的步骤 3 中的意见在会议召开前的两个月就分发给各成员、观察员和相关国际组织。附属机构可以修改拟议标准草案，附属机构在协商一致（consensus）的基础上做出决定。原则上，一项拟议草案可以停留在步骤 4 中，由附属机构召开几次会议加以讨论，最终由附属机构决定是否将拟议草案推进到下一步骤中，提交食典委通过拟议草案为标准草案。

步骤 5：拟议标准草案通过秘书处转交执行委员会开展严格审查，并交食典委审议通过，成为一项标准草案（为了不使执行委员会严格审查的结果和/或食典委在步骤 5 可能做出的任何决定受到影响，如果附属机构或其他有关机构认为鉴于食典委有关会议与附属机构或其他有关机构随后会议之间的间隔，有必要采取行动以加快工作进度，拟议标准草案可由秘书处在步骤 5 审议之前送交各国政府征求意见）。法典委员会在这一步骤做出任何决定时，均应充分考虑严格审查的结果，以及成员就拟议标准草案或任何规定对其经济利益可能产生影响所提出的意见。在制定区域性标准时，食典委的所有成员均可提出自己的意见，参与辩论并提出修改意见，但是只有出席会议的所属地区或国家集团的多数成员国才能决定修改或通过该草案。在这一步骤做出任何决定时，所属区域或国家集团的成员应充分考虑食典委任一成员就拟议标准草案或任何规定对其经济利益可能产生影响所提出的任何意见。食典委考虑执行委员会审议的意见和其他成员、相关国际组织的意见后，可以决定将标准或者相关文本返回上一步骤，也可以决定通过拟议标准草案成为标准草案。在《议事规则》和《制定程序》中都没有关于食典委如何做出决定的明确规定。《议事规则》第 12 条规定“食典委应该尽一切努力通过协商一致通过或修改标准”。但该条对通过标准草案是没有明确规定的。《程序手册》中多个文件反复强调了协商一致的重要性。因此，《议事规则》12 条的规定可以比照适用于步骤 5 中通过标准草案。《制定程序》中也没有与这种比照适用相冲突的规定。

步骤 6：秘书处将标准草案送交所有成员和相关国际组织，征求其意见，包括标准草案可能对其经济利益的影响。

步骤 7：秘书处将收到的意见转交给有权审议这些意见和修改拟议标准草案的附属机构或其他有关机构。步骤 7 是由相关附属机构对标准进行二读的过程。相关意见由主持国的秘书处在会议召开前两个月内分发给法典成员、观察员和相关国际组织，如同步骤 4 中。标准草案和相关意见在附属机构中进行讨论，附属机构可以根据讨论结果对标准草案进行修改，修改或任何决定需经协商一致通过。同样的，附属机构也可以将标准草案退回到该程序中的任何上一步骤中。

步骤 8：标准草案通过秘书处转交执行委员会开展严格审查，并连同从成员方和相关国际组织收到的任何书面意见一并提交食典委，以便在步骤 8 加以修改后审议通过，成为一项法典标准。在该步骤做出任何决定时，食典委将对严格审查的结果以及由任一成员就有关标准草案或其中的任何规定对他们经济利益可能产生影响所提出的任何意见予以应有的考虑。在制定区域性标准时，所有成员和相关国际组织均可提出意见，参与辩论和提出修改意见，但只有出席会议的所属区域或国家集团的多数成员国才能决定修改和通过草案。同样的，食典委可以做出几种决定，可以将标准草案退回该程序的任何上一步，也可以使标准草案停留在步骤 8，这意味着该标准草案不是被退回给附属机构，而是交给食典委的下一次会议。当然，食典委也可以将其通过为一项法典标准。作任何决定时，食典委都会考虑执行委员会的建议以及成员和相关国际组织的意见。《议事规则》第 12 条强调通过标准时协商一致的基础非常重要，只有当不能达成协商一致时，食典委才可进行投票。

在以上统一的八步程序中可能有两个偏离。第一，步骤 1 中，食典委考虑相关因素（具体因素见下文）后，如果需要紧急制定一项标准，可以启动加速程序（下文将详细介绍）；食典委也可以基于三分之二多数票作出决定，这种决定可以基于其自己提议或者基于负责的相关附属机构提议。第二，食典委可以决定省略掉步骤 6 和步骤 7，直接推进到步骤 8，这种省略由负责的法典委员会提议，并由三分之二多数票决定。

二、法典标准制定的加速程序

食典委《国际食品法典》法典标准及相关文本一般采取上述统一的八步步骤制定程序，但同时也存在加速制定程序。

加速程序与上文提到的步骤6和步骤7的省略不应混淆，二者存在的区别主要有：首先，启动加速程序是在步骤1做出决定，而省略步骤6和7是在第5步做出决定；其次，二者的原因也不同，启动加速程序的原因是基于新科技信息、与贸易或健康相关的紧急问题、修改或更新现有标准的需要等，而后者则是基于在步骤5中已经达成协商一致，没有进一步讨论的必要，所以可以省略后面的程序。

下面简单介绍制定法典标准及相关文本的统一加速程序。[1]

步骤1：食典委结合执行委员会严格审查的结果，根据表决的三分之二多数票确定可以采用加速制定程序的标准（要考虑的相关因素包括但不限于新的科学信息、新技术、与贸易或公众健康有关的紧迫问题或现行标准的修订或更新等事项）。也可由食典委附属机构根据表决的三分之二多数票来确定，但需尽早经食典委确认。

步骤2：秘书处安排起草一项拟议标准草案。在制定农药或兽药残留最高限量时，秘书处要分发从粮农组织食品及环境农药残留专家小组与世卫组织农药残留联席会议，或从粮农组织/世卫组织食品添加剂专家联合委员会获得的最高限量建议。粮农组织和世卫组织开展风险评估工作的任何其他相关信息也应一并提供。在制定乳和乳制品标准或奶酪标准时，秘书处要分发国际奶制品联盟的建议。

---

〔1〕国际食品法典委员会秘书处：《程序手册》2012年第21版，第24~25页。

步骤3：拟议标准草案送交食典委成员和相关国际组织，征求其意见，包括拟议标准草案对经济利益的可能影响。如标准制定需采用加速程序，应将此情况通报食典委成员和相关国际组织。

步骤4：秘书处将收到的意见转交给有权审议这些意见和修改拟议标准草案的附属机构或其他有关机构。

步骤5：如标准确定需采用加速制定程序，拟议标准草案通过秘书处转交执行委员会开展严格审查，并连同从成员方和相关国际组织收到的任何书面意见一并提交食典委，以便在修改后审议通过，成为一项法典标准。委员会在这一步骤做出任何决定时，均应充分考虑严格审查的结果，以及成员就拟议标准草案或任何规定对其经济利益提出的可能产生影响的意见。在制定区域性标准时，所有成员和相关国际组织均可提出意见，参与辩论和提出修改意见，但只有出席会议的所属区域或国家集团的多数成员国才能决定修改和通过草案。

三、标准制定过程中强调协商一致

虽然在《程序手册》中缺乏“协商一致”的明确定义，但是在食典委几个重要文件中都强调协商一致的重要性。从字面上讲协商一致意味着“common feeling”或者“concurrence of feelings”。通常协商一致以否定的方式加以定义，即没有代表明确表示反对。协商一致决策制定程序内在的要素是积极协商、达成一致观点的过程，这一过程旨在消除有争议的地方。

食典委及其附属机构由许多参与者组成，实现协商一致非常不易。例如，鱼及鱼类制品委员会花了5年时间列出了可以被称之为沙丁鱼或沙丁鱼类的种类。食典委为了避免参与者对决定通过的阻碍，致力于为所有参与者提供表达观点与意见的机会，目的在于在通过决定之前促进积极协商。食典委确立的统一标准制定程序中有两个要素来促进协商一致的构建，一个是“二读”程序，另外一个是附属机构的作用。

首先，标准制定统一程序是由“二读”程序构成的：步骤3至步骤5（一读）和步骤6至步骤8（二读）。在这两轮程序中各国政府和相关观察员、国际组织至少有两次机会提出意见与观点，附属机构也有两次机会协商、讨论、修改标准草案（步骤4和步骤7），食典委也有两次机会参与、干预到程序中（步骤5和步骤8）。尽管这一过程复杂漫长，但“二读”程序允许所有利益相关成员和观察员提交意见并参与决策制定过程。尤为重要的是，食典委为了实现协商一致，选择采纳了灵活的标准制定程序。例如，如果在步骤8没有实现协商一致，可以中止程序。再如，食典委、附属机构或者其他机构可以决定将标准草案返回上一步骤中，或者在步骤5或步骤8停留开展进一步工作。第二轮中食典委成员仍然可以提出新问题，这意味着标准制定程序可能会持续很长一段时间。食典委为了缩短冗长的程序，也采取了预防措施，即在程序的启动阶段需要确定该标准或文本能否在合理的时间内完成。

其次，附属机构在标准制定程序中发挥着重要的作用。附属机构在协商一致构建中有一项重要任务，即其应在将拟议标准草案或标准草案提交给食典委进行审议通过前，努力实现成员中的协商一致，这是为了促进食典委的工作，防止在食典委层面出现漫长的探讨与讨论。附属机构可以采取一些方法促进协商一致的构建，例如建立工作组，包括电子工作组和实体工作组，可以促进成员国交换想法与意见、达成一致，这有助于在委员会层面上协商一致的构建。这些工作组具有临时性特征，因为附属机构未经食典委批准不能建立常设的下属委员会。此外，无论是电子工作组还是实体工作组都不允许对提交给食典委的提议或者授权附属机构的事项做出任何决定。附属机构的主席们在促进协商一致过程中也发挥着重要作用。一方面，其应确保所有的事项得到充分的讨论，所有未出席会议的成员的书面意见都得到考虑；另一方面，鉴于时间限制和附属机构的全部议程，主席应关注工作进展。

四、法典标准的接受与公布程序

食典委成立后前18年运作实践中，标准制定程序是由10个步骤组成的，提交给各国政府予以接受构成第9步，标准的公布构成第10步。1981年以后，接受和公布程序不再是标准制定程序的一部分，被单独加以规定。2005年食典委第28次会议上废除了接受程序，主要原因是接受程序从来没有真正发挥过作用，尤其是在WTO框架下，接受程序不再具有实际意义。尽管，法典接受程序已经被废除，然而，为了充分理解法典措施法律地位因接受程序的废除、《SPS协定》和《TBT协定》的生效而带来的变化、影响和后果，有必要讨论接受程序（法典标准法律地位变化的具体内容将在下文第四章中详细探讨）。

在法典接受程序下，已经通过的标准被正式提交给成员方予以接受。非法典成员，只要其是世卫组织或粮农组织的成员，也可以接受法典标准。只有法典标准和最大残留量（MRLs）可以被提交给成员方予以接受，其他的建议操作规范和准则不适用接受程序。灵活的接受程序有助于实现在国际层面上采取广泛的、一致的措施。因此，食典委的接受程序有三种方式，成员方可以选择三种方式中任何一种接受标准，不同的接受方式对成员方带来不同的影响和后果。

第一种方式是完全接受（完全承认）。《通用原则》中包含有关商品标准、通用标准和单独公布的最大残留量 MRLs 完全接受的各自单独的规定。完全接受商品标准要求成员方有义务确保国内商品与进口商品自由流通，而不能因相关食品标准的行政规定、法律规定受到阻碍。此外，完全接受也意味着要求成员方确保不符合标准规定的食品不能标示标准中的名称和其他描述信息等。完全接受通用标准的成员方也承担类似的义务，即其有义务确保食品符合标准中的相关要求，并确保符合标准的食品不受到法律或行政规定的限制与阻碍。农药和兽药最大残留量的接受，也对接受成员提出类似的义务，然而，与商品标准或通用标准的完全接受相比，对最大残留量的完全接受允许法典成员仅将这种义务单独适用于进口食品。

第二种方式是部分接受（有具体不同意见的承认）。这种接受方式允许成员方接受法典标准并伴有一定的不同意见。这种接受方式不适用于农药和兽药最大残留量的接受。对于商品标准，这种接受方式要求成员方有义务确保所有符合标准的食品商品自由流动，除非有偏离例外。成员方承担义务说明这种偏离的原因，并说明其是否期望在将来的某个时间完全接受标准。对于通用标准也要求成员方有义务确保所有符合标准的食品商品自由流动，除非有偏离例外。成员方承担义务说明这种偏离的原因，说明其是否期望在将来的某个时间完全接受标准。

第三种方式是自由销售（自由流动的声明），意味着符合标准的食品可以在其境内自由流动。自由销售要求一个成员方确保符合法典标准的食品在其境内可以自由流动。这种自由流动声明和接受标准的区别在于，无论有无偏离，在前者的情形下，食典委成员不需要实施该法典标准，而接受标准时需要实施法典标准。因此，这种法典的接受方法不要求成员方调整其国内法规与要求。这种方法留给生产者（进口食品或国内食品）在法典标准和国内立法之间的选择自由。

然而，食典委成员没有义务接受标准，即成员方没有义务必须采取上述任何一种方式接受法典标准。已经接受法典标准的成员在任何时间都可以撤销或修改其接受。成员方需要通知秘书处其使用标准的状态。秘书处将审查与法典措施的偏离，并向食典委报告修改相关法典标准的需要与可能性。

《程序手册》中很少提到食品法典中所包含的法典措施的法律状态。《通用原则》第 2 条规定：除了标准，其也包括建议性质的规定，以操作规范和准则形式或其他建议性措施形式出现。该条规定使法典标准与建议性的措施相区别。关于接受程序下法典标准的法律地位，粮农组织和世卫组织的法律咨询顾问提交给食典委的意见是，法典标准是给政府的建议，事实上，对那些正式接受标准的政府是有拘束力的。因为接受程序仅涵盖标准和最大残留量 MRLs，因此，只有这些措施在被成员方接受后才具有法律拘束力。

为了在国家间构建相互信任的国际关系，具有拘束力的法律规定带来的义务应该是互惠与相互的。在国际法的渊源中，我们可以发现许多这样的互惠元素，某国家致力于一定的国际义务，因为该国可以确信其他接受了这些规范的国家也具有同样的义务，因此其能获得相应的权利。例如，条约的法律约束力源自条约生效，条约生效依赖一定数量的国家表示同意该条约的规定或者同意对条约所做出的保留。这样的保留反映了该规定在作出保留的一方和条约的其他方之间的有效性。食品法典接受程序忽略了互惠因素。《程序手册》中没有规定成员方接受法典带来的义务可以实施或适用互惠原则，也没有规定当一国选择部分接受方式时，其他国家可以依据互惠原则而作出相应的保留。如果一个成员方接受一项法典标准，其带来的义务是单边的，对其他法典成员不能引起相同的义务，除非该成员方在相同条件下接受了法典标准，因此部分接受方式使成员方之间承诺与互信的关系更加复杂，单方面撤销接受也如此。

成员方间关系上缺乏互惠就需要更高水平的信任。法典的接受程序不能真正发挥作用，因为成员的接受水平，尤其是美国和欧盟成员对于法典最大残留量（MRLs）的接受水平比较低。接受程序的失败表明其不愿意将这些行动转变为对其他成员方的国际承诺，结果导致大多数法典标准和残留限量（MRLs）不具有法律拘束力，仅仅一部分标准和残留限量（MRLs）对法典成员具有法律拘束力。

法典标准的公布，如上文所述，1981年以前，公布阶段构成标准制定程序的第10步，属于食典委的义务。标准的公布依赖于接受标准的成员方的数量。食典委公布法典标准时会考虑是否有足够数量的成员已经接受标准以及这些成员作为商品生产者和消费者的能力。这实际上给予食典委极大的回旋余地来决定是否公布一项标准。1981年以后，标准的公布与接受从法典制定程序中分离出来。食典委无须单独决定是否公布法典，法典措施的公布仅因其依据标准程序制定得以最终通过。依据标准制定程序通过的法典标准和相关文本均公布并分发给成员和粮农组织和世卫组织的联合成员以及所有相关国际组织。[1]

本章小结

食典委的组织框架与运行机制使其发展成为一个强有力的国际标准制定机构。长远来看，食典委的成就取决于其制度框架的

---

〔1〕 国际食品法典秘书处：《程序手册》2004年第14版，第25页。

运作以及其加强国际合作的能力。

食典委通过建立《国际食品法典》（一个统一定义的标准集合）来帮助成员实现食品标准、法规的统一与融合。《国际食品法典》的发展方法最初是制定、通过商品标准，这种方法意味着标准按照每种商品或商品组来制定。经过数年实践后，食典委开始转向一个更加水平化的方法，即倾向于标准中含有必要的、一般性规定，并且能够涵盖不止一个商品组。此外，食典委建立初期，地区性标准比较重要，其重要性也随着世界性标准的建立而减小。除了食品标准，《国际食品法典》也制定、通过了其他措施，例如建议操作规范、准则等。《国际食品法典》已经发展成为一个有关食品要求的复杂体系，各种法典措施是这一体系的内在组成部分。

因各成员方情形的多样性，在各国之间达成一致不是一项容易的任务。食典委采用了一些措施来促进协商一致。最重要的措施是建立了统一的标准制定程序，即“八步二读”程序，在法典委员会和食典委两个层面的“二读”，此外，该程序强调协商一致的构建，不鼓励投票通过标准。这一标准制定程序具有一定的灵活性，一项标准草案或相关文本在制定过程中可以被退回到之前的任何步骤中，这也表明了构建协商一致的重要性。此外，为了避免各国多样性使达成一致成为不可能的僵局，食典委也通过了一些声明，例如《应对不充分和不完全科学数据情形的声明》、《关于科学在法典决策过程中的作用及在何种程度上考虑其他因素的原则声明》。

建立灵活的法典接受程序对于促进详细、具体的食品标准、规范的融合与统一具有重要意义。法典的接受程序采取了三种方式，即完全接受、部分接受和自由销售，不同的方式对成员方带来不同的影响和后果。对商品标准和通用标准，完全接受方式会导致成员方承担义务，即成员方通过统一的、不偏不倚的方式将法典标准相关规定适用于其国内食品和进口食品。成员国如果已经完全接受一项商品标准或者通用标准，则负有义务确保所有食品包括国内生产的、进口的以及在其境内分配、流通的食品都必须符合法典标准。同时，该国不应该通过与消费者健康或其他食品标准事项相关的法律或行政规定阻止符合法典标准的食品的自由流动。换句话说，完全接受方式，在大多数情况下，会导致各国需要调整其国内法规，成员国一般无权自由选择如何实施这些规定。对农药或兽药最大残留量的完全接受导致类似的义务。然而，这种接受方式允许成员方将其义务仅适用于进口食品，因为允许成员方实施良好农业实践，允许成员方对国内食品采取比法典所允许的更低的残留量。考虑到各成员对最大残留量的接受仅限于完全接受，而缺乏偏离标准的可能性，因此将这种义务仅限于进口食品。商品标准和通用标准的部分接受导致与完全接受方式相同的义务，除了成员方所做出的偏离规定。成员方可以自由决定其希望作出偏离的标准要求。与完全接受不同，自由销售并没有声明本国食品产品也要符合相关标准的规定。法典接受程序在2005年被废除，原因在于其没有真正地被成员方所使用，且在世界贸易组织《SPS 协定》与《TBT 协定》下不再具有实际意义。

第四章

《国际食品法典》与WTO

第一节 WTO 框架下的《SPS 协定》与《TBT 协定》

世界贸易组织（以下简称“WTO”）的两个附件协定即《实施动植物卫生检疫措施的协定》（以下简称《SPS 协定》）、《技术性贸易壁垒协定》（以下简称《TBT 协定》）中包含有关食品标准融合统一的规定。这两个协定中引入融合统一的规定有其历史根源，在《TBT 协定》的前身即东京回合的《TBT Code》中就有类似规定。20 世纪 60、70 年代，许多国家制定了新的技术法规和标准，却没有努力达成国际层面上可接受的标准。在这种背景下，东京回合《TBT Code》引入了一个全新的方法促进关税与贸易体系（GATT）内的自由贸易，即通过促进国际融合来减少不同国家管理方法差异带来的贸易障碍。《SPS 协定》和《TBT 协定》继承了《TBT Code》的这种方法，强调通过使用国际标准作为各国政策的组成因素来消除贸易壁垒、促进国际融合统一。[1]

---

〔1〕 Preamble of the SPS Agreement, considerations 4 and 5: “Desiring the establishment of a multilateral framework of rules and disciplines to guide the development, adoption and enforcement of sanitary and phytosanitary measures in order to minimize their negative effects on trade. Recognizing the important contribution that international standards, guidelines and recommendations can make in this regard.” Preamble of the TBT Agreement, considerations 3: “Recognizing the important contribution that international standards and conformity assessment systems can make in this regard by improving efficiency of production and facilitating

一、《SPS 协定》与《TBT 协定》的宗旨与目的

《SPS 协定》和《TBT 协定》是 WTO 建立的多边法律体系的一部分。WTO 协定的最终目标表述在其序言中：即为了提高生活水平，保证充分就业和大幅度稳步提高实际收入和有效需求，扩大商品和服务的生产和贸易。[1]在实现这些目标时，WTO 考虑了自然资源的优化使用、可持续发展目标、在全球贸易体系中并入发展中国家等因素。[2]实现这些目标的工具主要是关税和其他非关税贸易壁垒的实质性削减以及在国际贸易中消除歧视性待遇。[3]

《SPS 协定》和《TBT 协定》都包含在 WTO 附件一——《货物贸易多边协定》中。与 WTO 的目标相一致，《SPS 协定》也在其序言中表明：建立一套多边规范和纪律框架来指导发展、采纳和实施卫生与植物卫生措施，以期对贸易造成最小化的影响。同样的，《TBT 协定》的序言中也援引了《1994 年关税与贸易总协定》（GATT1994）的目标，并进一步指出其目标在于：实质性的

（接上页）the conduct of international trade. ”

〔1〕 Consideration 1 of the Preamble to the Agreement establishing the World Trade Organisation. See also, M. Footer, *An Institutional and Normative Analysis of the World Trade Organisation*, Leiden: Martinus Nijhoff Publishers, 2006, p. 23.

〔2〕 Consideration 2 of the Preamble to the Agreement establishing the World Trade Organisation. See also, P. Van den Bossche, *The Law of Policy of the World Trade Organization. Text*, *Cases and Materials* , Cambridge: Cambridge University Press , 2005, pp. 86 ~ 87.

〔2〕 Consideration 3 and 4 of the Preamble to the Agreement establishing the World Trade Organisation. Although the WTO has been described as linkage machine as its scope of activities links to non – trade concerns, the activities of international cooperation of the WTO concentrate on trade liberalisations and non – trade concerns remains in most cases under the responsibility of WTO Members or other international institutions. See Charnovitz, “Triangulating the World Trade Organization”, *American Journal of International Law*, 96 (2002), p. 47.

削减关税和其他贸易壁垒，在国际贸易中消除歧视性待遇。[1]

《SPS 协定》第2.1条承认 WTO 成员有权采取任何其认为对保护人类、动植物健康和生命安全必要的卫生和植物卫生措施。[2]这种权利允许单个的 WTO 成员采取管理措施来解决在其境内威胁人类、动植物健康和生命的情形。然而，这些措施可能损害国际食品和农产品贸易。因此，采取卫生和植物卫生措施的权利不应该是一种不受限制的权利，其应该受到严格的规则和纪律的约束。[3]《SPS 协定》中所规定的这些规则和纪律由以下组成：①采取卫生和植物卫生措施的科学合理性的要求；②要求该措施是保护人类动植物所必需的而非贸易限制；③要求这些措施不是任意的或歧视性的，在具有相同情形的成员之间，不构成对贸易的变相限制。

《TBT 协定》也承认各国有权采取措施，各国为了保护人类、动植物健康和生命、保护环境、防止欺诈行为、保护国家安全可以采取一些技术法规、标准和合格评定程序。[4]《TBT 协定》也对采取这些措施进行了一定的限制，表明这些技术法规必须是在实现以上合法目标的必要限度内而非旨在贸易限制，并且必须要将不能实现的风险考虑入内。审查不能实现的风险应该考虑以下因素：可以获得的科学和技术信息、相关生产技术或产品的最终目的等。此外，《TBT 协定》也要求如果因为条件的变化，一项具有较少贸易限制的技术法规可以实现上述追求目标时，现存的

---

[1] Consideration 2 of the Preamble of the TBT agreement in conjunction with consideration 3 of the Preamble of GATT 1994.

[2] Consideration 1 of the Preamble of the SPS Agreement: "reaffirming that no Member should be prevented from adopting or enforcing measures necessary to protect human, animal or plant life or health, ..."

[3] C. button, *The Power to Protect Trade, Health and Uncertainty in the WTO*, Oxford: Hart Publishing, 2004, p. 43.

[4] Consideration 6 and 7 of the Preamble and Art. 2. 2 of the *TBT Agreement*.

技术法规将不再维持。《TBT协定》关于合格评定程序也有类似的规定，《TBT协定》第5.1.2条规定："合格评定程序的制定、采用或实施在目的和效果上不应对国际贸易造成不必要的障碍。"该条意味着合格评定程序或其实施方式不得比给予进口成员对产品符合适用的技术法规或标准所必需的足够信任更为严格，同时考虑不符合技术法规或标准可能造成的风险。

《SPS协定》和《TBT协定》均承认在寻求减少对贸易的不必要限制的目标时，融合统一是一个非常重要的工具。[1]融合工具与其他限制成员方采取措施实现合理目标的主权规则和纪律一起发挥作用。《SPS协定》的序言中承认建立多边规则和纪律框架，承认为减少对贸易负面影响而建立、通过和发展卫生和植物卫生措施时国际标准、指南和建议可以发挥重要作用与贡献。《SPS协定》第3条规定旨在促进在一个比较广阔的基础上各成员方采取SPS措施的融合与统一，同时也承认和保护各成员方保护其人民健康和生命安全的权利与义务。《SPS协定》促进国家措施融合的最终目的是阻止国家措施作为任意的或不合理的歧视而被使用或者成为对贸易的变相限制，而并没有限制成员方采取或实施基于合理的科学原则保护人类健康和生命所必需的措施，不要求其改变其保护的合适水平。《TBT协定》的序言中也指出：承认国际标准和合格评定程序在提高生产的有效性和促进国际贸易方面的重要作用与贡献。

融合、统一工具在其他领域可能有其他的目标，在《SPS协定》和《TBT协定》下其主要服务于贸易自由化。换句话说，只有超过了国际标准保护水平的法规才置于两个协定的规范纪律之下。这两个协定没有规定成员方有义务实施最低保护水平，如将

---

〔1〕 In the SPS Agreement: consideration 5 and 6 of the Preamble, Arts. 3, 5.1, 5.7, 6.1, 12, and Annexes A.2 and 3, B.5, and C.1.

国际标准所包含的规定作为最低保护水平，采取措施保护人类健康仍然是成员方自身的责任。

二、《SPS 协定》与《TBT 协定》对法典标准的引用

在《SPS 协定》和《TBT 协定》中许多条款含有促进消除贸易壁垒的融合规定，这些规定包含以下方面：将国际标准作为各国法规基础的要求，各国法规偏离国际标准的通知程序，各国国家措施与国际标准相符合即表明与《SPS 协定》、《TBT 协定》规定相符合的推定等。

第一，引用的范围。《SPS 协定》和《TBT 协定》中都包含一项义务即适用国际标准、指南和建议。《SPS 协定》3.1 条规定：为在尽可能广泛的基础上协调动植物检疫措施，各成员的动植物检疫措施应以国际标准、指南或建议为依据，除非本协定、特别是第 3 款中另有规定。[1]

《TBT 协定》的 2.4 条规定："如需制定技术法规，而有关国际标准已经存在或即将拟就，则各成员应使用这些国际标准或其中的相关部分作为其技术法规的基础，除非这些国际标准或其中的相关部分对达到其追求的合法目标无效或不适当，例如由于基本气候因素或地理因素或基本技术问题。"[2]关于合格评定程

---

[1] In the SPS Agreement article 3: To harmonize sanitary and phytosanitary measures on as wide a basis as possible, Members shall base their sanitary or phytosanitary measures on international standards, guidelines or recommendations, where they exist, except as otherwise provided for in this Agreement, and in particular in paragraph 3.

[2] In the TBT Agreement article 2: Where technical regulations are required and relevant international standards exist or their completion is imminent, Members shall use them, or the relevant parts of them, as a basis for their technical regulations except when such international standards or relevant parts would be an ineffective or inappropriate means for the fulfillment of the legitimate objectives pursued, for instance because of fundamental climatic or geographical factors or fundamental technological problems.

序，《TBT 协定》第 5.4 条表明："如需切实保证产品符合技术法规或标准且国际标准化机构发布的相关指南或建议已经存在或即将拟就，则各成员应保证中央政府机构使用这些指南或建议或其中的相关部分，作为其合格评定程序的基础，除非应请求作出适当说明，指出此类指南、建议或其中的相关部分特别由于如下原因而不适合于有关成员：国家安全要求；防欺诈行为：保护人类健康或安全、保护动物或植物生命或健康及保护环境；基本气候因素或其他地理因素；基本技术问题或基础设施问题。"[1]关于《TBT 协定》2.4 条，欧共体沙丁鱼案中专家组指出，"shall" 一词表明要求具有强制性，已经超出了鼓励的范畴。"shall" 一词也在《SPS 协定》第 3.1 条和《TBT 协定》第 5.4 条使用。《SPS 协定》第 3.1 条与《TBT 协定》第 2.4 条的规定非常相似，可以推出其具有强制性。《TBT 协定》第 5.4 条表明成员方必须确保其国家政府机构适用国际标准，虽然其本身没有义务适用国际标准，但是词语 "must ensure" 表明，成员方对其政府机构适用这些标准负有责任。这种责任也超出了鼓励适用的范畴。与《SPS 协定》相比，《TBT 协定》在其 2.4 条中将这种适用义务延伸到国际标准草案中，即适用于即将成为标准的标准草案。

然而，适用国际标准义务的范围因两个因素的影响而有所减

---

〔1〕 In the TBT Agreement article 5: In cases where a positive assurance is required that products conform with technical regulations or standards, and relevant guides or recommendations issued by international standardizing bodies exist or their completion is imminent, Members shall ensure that central government bodies use them, or the relevant parts of them, as a basis for their conformity assessment procedures, except where, as duly explained upon request, such guides or recommendations or relevant parts are inappropriate for the Members concerned, for, inter alia, such reasons as: national security requirements; the prevention of deceptive practices; protection of human health or safety, animal or plant life or health, or the environment; fundamental climatic or other geographical factors; fundamental technological or infrastructural problems.

小：一是包含适用国际标准义务的规定中使用的用语是“based on”或者“ use as a basis”，这样的用语表达比在《SPS 协定》第 3.2 条和《TBT 协定》第 2.5 条中使用的“conform to”所表达的严格程度有所减弱；二是 WTO 成员有偏离国际标准的自主权利与自由。[1]

第二，“based on”或者“ use as a basis”用语的含义。适用国际标准的规定包含词语“based on”（《SPS 协定》第 3.1 条）或者“use as a basis”（《TBT 协定》第 2.4 条）。在欧共体荷尔蒙案中（第一个违反此种义务的案例）专家组认为国家措施以国际标准为依据（或者基础），“based on”这样的措辞等同于《SPS 协定》第 3.2 条中所使用的“conform to”。然而，上诉机构否定了专家组的解释。上诉机构认为在不同的规定中使用不同的词语是有意为之，表明这些词语的含义是有区别的。根据上诉机构，一项与法典标准相符的措施是表明该措施是以法典标准为依据的，但是反过来却不同，当一项措施以法典标准为依据（或者基础），可能仅仅包含法典标准中的一些而非全部要素。上诉机构表明，一项与国际标准相符的措施，意味着在该措施完全体现标准，并且为了实践的目的将其转化为一项国内标准。然而，一项措施以国际标准为依据意味着基于或建立在这一标准之上。

欧共体沙丁鱼案中对《TBT 协定》第 2.4 条的解释，专家组遵循了上诉机构在欧共体荷尔蒙案中的解释，将“basis”一词解释为主要要素或者基本原则。欧共体沙丁鱼案中，上诉机构也得出了同样的结论，表明欧共体法规不能被认为是基于 Codex Stan 94（《有关灌装沙丁鱼和沙丁鱼类产品的标准》）。

---

[1] Art. 3. 3 of the SPS Agreement and Art. 2. 4 of the TBT Agreement. See Report of the Appellate Body, EC – Measures Concerning Meat Products (Hormones), WT/DS26/AB/R, WT/DS48/AB/R (1998), para. 172.

在上述两个案例中，上诉机构明确了“based on ”一词的含义允许成员方有一些自由裁量权，因此《SPS协定》第3.1条和《TBT协定》第2.4条规定下的义务，其目的并非建立一致的国家法规。然而，上诉机构并没有明确一国法规在多大程度上可以偏离国际标准，因此，导致该义务范围具有极大的法律不确定性。

欧共体沙丁鱼案中上诉机构还忽略了另外一个问题，即其对《TBT协定》第2.4条的解释是建立在程序方法还是实质方法上。[1]如果上诉机构的解释是建立在程序方法上，这意味着使用国际标准作为基础对于成员方而言主要是一种程序义务。尽管其要求在国家立法过程中将国际标准作为基础，而立法过程的结果即法规本身的内容却可以不必反映这点。如果上诉机构对这种义务的解释是实质性的，这会导致为了确定在多大程度上一国国内法规与国际标准相符合，必须审查法规本身的内容。这两种方法的区别非常明显。基于程序方法的解释赋予成员方立法上较大的自由裁量权。尽管上诉机构没有明确承认，其解释应该主要是基于实质性方法。因为上诉机构回应欧共体争论而作出的决定是新的国际标准适用于已经存在的国家措施。（欧共体的争论指出使用国际标准的义务仅仅适用于之后通过的国家措施）基于此，我们可以认为上诉机构采取的是实质性方法。而且，上诉机构在欧共体沙丁鱼案中审查欧共体法规是否基于国际标准、是否实施Codex Stan 94时，采用的是对比欧共体法规与Codex Stan 94的文本解释方法，推断出欧共体法规与Codex Stan 94相矛盾，其明显指向的是欧共体法规的实质内容。此外，上诉机构在欧共体荷尔

〔1〕 H. Horn and J. H. H. Weiler, *European Communities – Trade Description of Sardines: Textualism and its Discontent*, *The WTO Case Law of* 2002, Cambridge: Cambridge University Press, 2005, pp. 256 ~ 258.

蒙案中也遵循一种实质方法，认为国家措施以国际标准为依据（或者基础）的义务意味着仅部分而非全部的标准要素包含进入国家措施中。

第三，偏离法典标准的权利。《SPS 协定》和《TBT 协定》的前言中都提到融合统一对促进贸易的重要作用与贡献，然而，与此同时，两个协定均承认 WTO 成员有权决定其自身合适的保护水平。《SPS 协定》第 3.3 条和《TBT 协定》第 2.4 条的规定中都体现了国家偏离国际标准的可能性与权利，因此，WTO 成员拥有永久的偏离国际标准的可能性与权利。

首先，在《SPS 协定》下偏离国际标准的权利。《SPS 协定》第 3.3 条明确规定：各成员可以实施或维持比以有关国际标准、指南或建议为依据的措施所提供的保护水平更高的动植物检疫措施，但要有科学依据，或一成员根据第 5 条第 1 款至第 8 款中有关规定，认为该措施所提供的保护水平是合适的。除上述外，若某措施所产生的动植物卫生保护水平不同于以国际标准、指南或建议为依据制定的是所提供的保护水平，则一概不得与本协定中任何其他条款的规定相抵触。[1]

从其用语中我们可以推出，偏离国际标准的权利与成员方决定其合适保护水平的自主权利相关。这种相关性在《SPS 协定》前言中明确的规定：期望进一步推动各成员使用以有关国际组织

---

[1] 《SPS 协定》第 3 条（协调一致）："①为在尽可能广泛的基础上协调动植物检疫措施；各成员的动植物检疫措施应以国际标准、指南或建议为依据，除非本协定、特别是第 3 款中另有规定。②符合国际标准、指南或建议的动植物检疫措施应被视为是保护人类、动物或植物的生命或健康所必需的措施并被认为本协定和 1994 关贸总协定有关条款的规定。③各成员可以实施或维持比以有关国际标准、指南或建议为依据的措施所提供的保护水平更高的动植物检疫措施，但要有科学依据，或一成员根据第五条第 1 款至第 8 款中有关规定，认为该措施所提供的保护水平是合适的。除上述外，若某措施所产生的动植物卫生保护水平不同于以国际标准、指南或建议为依据制定的是所提供的保护水平，则一概不得与本协定中任何其他条款的规定相抵触。"

制定的国际标准、指南和建议为基础的动植物检疫措施，这些国际组织包括食典委、国际兽疫局，以及《国际植物保护公约》框架下运行的有关国际和区域组织，但不要求各成员改变其对人类、动物或植物的生命或健康的水平的适当保护。[1]

在欧共体荷尔蒙案中争议的焦点是《SPS 协定》第 3.1 条（国家措施以国际标准为依据或基础的义务）和第 3.3 条（偏离国际标准的权利）之间的关系。根据对第 3.1 条的文本解读，专家组认为两条规定之间的关系是一般规定与例外规定的关系。换句话说，专家组认为偏离国际标准的权利作为以国际标准为依据（或者基础）的义务的一种例外。然而，上诉机构驳回了专家组所作出的结论，认为偏离国际标准的权利是一种自动的权利，并不是 3.1 条一般义务的例外。

上诉机构的这一结论是否意味着《SPS 协定》中使用国际标准不是一种义务，而仅是一种鼓励。这种观点在《SPS 协定》文本中找不到基础，在上诉机构的论断中也找不到基础。上诉机构指出：第 3.1 条仅将第 3.3 条所涵盖情形从其适用范围中排除出去。第 3.3 条承认成员方有自主权利去建立一种更高水平的保护，

---

〔1〕《SPS 协定》前言："重申不应阻止各成员为保护人类、动物或植物的生命或健康而采用或实施必需的措施，只要这些措施的实施方式，不得在情形相同的成员之间构成任意或不合理歧视，或对国际贸易构成变相的限制；期望改善各成员的人类健康、动物健康和植物卫生状况；注意到动植物检疫措施通常以双边协议或议定书为基础实施；期望建立规则和纪律的多边框架，以指导动植物检疫措施的制定、采用和实施，从而使其对贸易的消极作用降到最小；认识到国际标准、指南和建议可以在该领域做出重大贡献；期望进一步推动各成员使用以有关国际组织制定的国际标准、指南和建议为基础的动植物检疫措施，这些国际组织包括食品法典委员会、国际兽疫局，以及在《国际植物保护公约》框架下运行的有关国际和区域组织，但不要求各成员改变其对人类、动物或植物的生命或健康的水平的适当保护；认识到发展中国家成员在遵守进口成员的动植物检疫措施方面可能遇到特殊的困难，进而在市场准入以及在其制定和实施国内动植物检疫措施方面也会遇到特殊困难，期望在这方面给予全心全意的帮助。"

只要成员方在制定措施时符合 SPS 协定的特定要求。换句话说，上诉机构的结论缩小了各国需以国际标准为依据或基础的义务范围，这并不意味着《SPS 协定》不包含这种义务。例如，如果一个国家为了实现合适的保护水平而制定 SPS 措施不符合特定要求时，则其不能适用第 3.3 条，相应地，为了符合第 3 条的规定而必须将其措施以国际标准为依据或基础。因此，第 3.1 条的适用范围取决于第 3.3 条所规定的偏离权利的范围。

事实上，偏离国际标准的权利不是一种绝对或不受限制的权利，而是要符合几个条件或标准。第 3.3 条中给出了两个条件来限制这种偏离国际标准的权利：一是成员方必须基于科学信息的检查与评估，合理论证国际标准对于其所追求的保护水平不合适、不充分；二是成员方已经建立了合适的、更高的保护水平，且符合《SPS 协定》第 5 条第 1 到 8 段。[1]

欧共体荷尔蒙案中，专家组总结认为 SPS 措施应该符合第 5 条的规定，其认为：我们发现在第 3.3 条下的措施必须符合第 5 条的规定才能具有合理性。如果我们发现欧共体的措施不符合第 5 条的规定，这些措施将不能被认为在 3.3 条下是合理的。然而，即使我们发现欧共体的措施与第 5 条的要求相一致，仅有此仍不能充分的认为这些措施在第 3.3 条下是合理的，因为要得出这样的结论，我们也需要确定欧共体的措施符合《SPS 协定》中的所有规定，除了第 3 条和第 5 条以外。

此外，偏离国际标准的权利必须被证明是合理的。一些学者认为上诉机构拒绝专家组关于《SPS 协定》第 3.1 和第 3.3 条之

---

〔1〕 The original reason for providing for two options was a political one. The second option was inserted at a latter stage, but could be interpreted as ignoring the scientific justification of a domestic measure. Therefore, explicit mention was made to the concept of scientific justification in the first option.

间关系的解释，这导致举证责任负担的逆转。即偏离国际标准措施的成员方（被诉方）不必证明其偏离的合理性，不必证明其措施符合第 3.3 条的规定。相反，申诉方需承担这种责任。然而，这种举证责任的逆转，不能与证明偏离合理性的义务相互混淆。《SPS 协定》第 7 条与附件 B 第 5 条要求成员方在其采取的措施与相关国际标准的内容实质上不一样且可能含有潜在的贸易影响时承担通知义务。要求成员方必须提交其法规的复印件确定其实质性偏离国际标准的部分。〔1〕根据《SPS 协定》第 5.8 条的规定，成员方需要为其他成员方提供其偏离的理由。在 WTO 体系中存在强有力的争端解决机制，意味着不是由成员方自己证明其偏离是合理的，如果成员方基于第 5.8 条和《SPS 协定》规定所提供的理由不被提出要求的其他成员方认为是合理的，这可能导致专家组的建立，负责决定这种偏离是否合理。

其次，在《TBT 协定》下的偏离权利。在《TBT 协定》下偏离国际标准的权利规定在第 2.4 条第二部分中（第一部分在上文中已经列出）："除非这些国际标准或其中的相关部分对达到其追求的合法目标无效或不适当，例如由于基本气候因素或地理因素或基本技术问题。"通过该条规定，我们可以看出这种偏离权利有两个限制条件；一是国际标准必须是不能有效实现其所追求的目的；二是国际标准必须是对实现其所追求的目的是不合适的。

与《SPS 协定》相比，《TBT 协定》第 2.4 条的规定及其

---

〔1〕 Under the notification procedure, WTO Members are held to justify regulatory choices. Consequently, in contrast to what has been held by some authors. WTO Members do have to justify their deviations from international standards, also before a complaint has been filed by another member and a prima facie case of inconsistency has been established by the complainant. See J. Scott, "International Trade and Environment Governance: Relating Rules (and Standards) in the EU and the WTO", *European Journal of International Law*, 15 (2004), pp. 325 ~326.

《序言》没有明确指出这一权利是否构成一种自动、自主权利，这一权利是否与成员方决定自身合适保护水平的权利相关。[1]在欧共体沙丁鱼案中，上诉机构将其之前在欧共体荷尔蒙案中的论断适用于《TBT 协定》中，得出结论认为以国际标准为基础的义务与偏离国际标准的权利不是一般与例外的关系。其指出：在欧共体荷尔蒙案中，我们发现《SPS 协定》第 3.1 和第 3.3 条之间不存在一般与例外的关系。我们得出结论认为《SPS 协定》第 3.1 条是将第 3.3 条所涵盖的情形排除在其适用范围之外。同样的，《TBT 协定》2.4 条第二部分规定的情形也被第一部分的规定排除在其适用范围之外，因此《TBT 协定》2.4 条前后两个部分之间不存在一般与例外的关系。

这样的论断也遭到质疑，认为在沙丁鱼案中上诉机构没有适用文本解释，也没有对“except”一词赋予太多的重视。在《TBT 协定》下偏离国际标准权利的地位与《SPS 协定》下这一权利的地位是不一样的，上诉机构也没有考虑到这一事实。如上文所述，与《SPS 协定》相比，《TBT 协定》下的这一权利不同于 WTO 成员决定其自身保护水平的自动、自主权利。此外，不同于《SPS 协定》第 3 条，《TBT 协定》第 2.4 条没有列举规定成员方的三种选择。换句话说，上诉机构在荷尔蒙案中得出的结论是基于《SPS 协定》第 3 条中的偏离权利是一种自动、自主权，然而在欧共体沙丁鱼案件中情形是不同的。

将欧共体荷尔蒙案中的结论适用于《TBT 协定》的一个有争议的影响是举证责任的逆转。上诉机构修改了专家组关于一般与

---

〔1〕 G. Marceau and J. Trachtman, “The Technical Barriers to Trade Agreement, the Sanitary and Phytosanitary Measures Agreement, and the General Agreement on Tariffs and Trade. A Map of the World Trade Organization; law of Domestic Regulation of Goods”, *Journal of World Trade*, 36 (2002), p. 840.

例外关系的论断，上诉机构认为是申诉方要表明国际标准实际上是有效的和恰当的。这意味着秘鲁要承担举证责任来证明欧共体没有将其法规建立在国际标准基础之上的原因，而秘鲁实际上是了解情况最少的国家。上诉机构在欧共体沙丁鱼案中的报告表明似乎偏离国际标准的成员方处于有利位置。然而该报告认为，提供证据责任的逆转（即依赖于申诉方）并非等同于施加了一项更加艰难的任务或工作。上诉机构就是否将举证责任分配给最不知情的一方这一问题进行回应时，引用了《TBT 协定》第 2. 5 条的规定："应另一成员请求，一成员在制定、采用或实施可能对其他成员的贸易有重大影响的技术法规时应按照第 2 款到第 4 款的规定对其技术法规的合理性进行说明。"只要出于第 2 款明确提及的合法目标之一并依照有关国际标准制定、采用和实施的技术法规，即均应作出未对国际贸易造成不必要障碍的可予驳回的推定。上诉机构提到的另外一个收集信息的规定，即《TBT 协定》第 10. 1 条规定："每一成员应保证设立咨询点，能够回答其他成员和其他成员中的利害关系方提出的所有合理询问，并提供有关下列内容的文件。"这些规定表明，与《SPS 协定》相似，《TBT 协定》第 2. 4 条偏离国际标准的权利也不是无条件的权利。虽然举证责任由申诉方承担，但这并不豁免 WTO 成员必须证明其偏离的合理性。相反，这一结论可以使专家组对第 2. 5 条下的义务更加注意与重视。此外，上诉机构提到的争端解决程序本身提供了其他获得信息的方式。偏离国际标准的成员拥有证明国际标准实现保护水平是无效的或不恰当的相关信息，这些成员会本着善意诚信将这些信息提供给其他成员，基于这样的假设，申诉方的举证责任相对容易实现，这事实上减小了举证责任逆转而带来的影响。

在《TBT 协定》下，一项对国际标准偏离的措施如果是不合理的，则构成了对协定的违反。2.4 条是一条独立的规定，与该条不符合会导致与《TBT 协定》不符合。因此，一项不合理的偏离国际标准的国家措施在性质上即使不是歧视性的，也可能构成与《TBT 协定》不符，这点也再次强化了技术法规基于国际标准的重要性。

三、《SPS 协定》与《TBT 协定》鼓励对法典标准的引用

在《SPS 协定》和《TBT 协定》中都包含鼓励成员方使其国家措施与国际标准相符合的规定。《SPS 协定》第 3.2 条规定："符合国际标准、指南或建议的动植物检疫措施应被视为是保护人类、动物或植物的生命或健康所必需的措施并被认为本协定和 1994 关贸总协定有关条款的规定。"《TBT 协定》第 2.5 条中也有一个近似的推定符合的规定，即，只要出于第 2 款明确提及的合法目标之一并依照有关国际标准制定、采用和实施的技术法规，即均应予以作出未对国际贸易造成不必要障碍的可予驳回的推定。[1]《TBT 协定》下的这种推定符合规定除了要求国际措施与国际标准相符外，还要求国家措施旨在实现第 2.2 条中所列举出的合法目的。

《SPS 协定》3.2 条和《TBT 协定》2.5 条中的推定符合规定为 WTO 成员提供了一定的有利条件，即当其国家措施与国际标准相符合时，成员方可以豁免证明其措施的必要性与合理性。在《SPS 协定》3.2 条下，这种推定符合不仅导致国家措施与《SPS 协定》相符而且与 GATT1994 的规定也相符。而在《TBT 协定》

---

〔1〕《TBT 协定》第 2 条："应另一成员请求，一成员在制定、采用或实施可能对其他成员的贸易有重大影响的技术法规 时应按照第 2 款到第 4 款的规定对其技术法规的合理性进行说明。只要出于第 2 款明确提及的合法目标之一并依照有关国际标准制定、采用和实施的技术法规，即均应作出未对国际贸易造成不必要障碍的可予驳回的推定。"

第 2.5 条下，推定符合仅导致一种后果，即国家措施不是对国际贸易的一种不必要的障碍，是否会导致与某些特殊规定的相符也不是很明确。因此实践中两个协定下不同用语的规定是否构成推定符合的不同的后果仍然不是十分明确。

需要指出的是，在这两个协定下推定符合是可予驳回的推定。关于这一点，《TBT 协定》第 2.5 条的规定非常清楚，其使用了词语“rebutably presumed”〔1〕。尽管《SPS 协定》中缺乏这种明确的词语，根据上诉机构在欧共体荷尔蒙案中的论断，表明在《SPS 协定》下的推定符合也被认为是可以驳回的。推定符合是可以驳回的，这是否会导致推定符合带给成员方的有利条件毫无意义呢？这取决于可予驳回的难度。实践中专家组、上诉机构都没有面对这一问题。不管怎样，推定符合反映在通知要求中，采用了与国际标准实质上一致的成员方可以豁免必须通知的要求。此外，辩驳推定符合是申诉方举证责任的一部分，因为该方宣称在某些特殊情形下这种推定符合是无效的其必须加以证明。这种举证责任负担是否很重，也将取决于国际标准的状态，即国际标准是否被认为构成国际贸易的必要障碍。

第二节 《SPS 协定》与《TBT 协定》对法典措施的影响

在 WTO《SPS 协定》与《TBT 协定》下引用国际标准制定机

〔1〕 In the TBT Agreement article 2：A Member preparing，adopting or applying a technical regulation which may have a significant effect on trade of other Members shall，upon the request of another Member，explain the justification for that technical regulation in terms of the provisions of paragraphs 2 to 4. Whenever a technical regulation is prepared，adopted or applied for one of the legitimate objectives explicitly mentioned in paragraph 2，and is in accordance with relevant international standards，it shall be rebuttably presumed not to create an unnecessary obstacle to international trade.

构的工作、承认食典委及其工作，并将食典委的工作作为融合工具，这导致法典措施的地位得到提高。为了更加详细准确地界定在《TBT 协定》和《SPS 协定》下法典措施加强的地位，本部分将分析上述两个协定的具体规定以及专家组和上诉机构对它们的解释和适用。

一、国际食品法典委员会被承认为国际标准制定机构

《SPS 协定》前言中明确规定了三个国际标准制定机构为其提供实现融合目标的国际标准，并且明确承认食典委属于这样国际标准制定机构（这三个国际标准制定机构分别为：食典委、国际兽疫局，以及在《国际植物保护公约》框架下运行的有关国际和区域组织）。

在《SPS 协定》附件 A 中引用食典委的工作，这种引用与该协定的目标直接相关，即在粮食安全方面，指食典委制定的有关食品添加剂、兽药和杀虫剂残存物、污染物、分析和抽样方法的标准、指南和建议，以及卫生惯例的守则和指南。[1] 在《SPS 协定》下引用食品法典工作，要具有一定的相关性，也就是限制

---

〔1〕《SPS 协定》附件 A："定义：实施卫生与植物卫生措施协定（SPS）——指任何一种措施，用以：①保护成员境内的动物或植物的生命或健康免受虫害、病害、带病有机体或致病有机体的传入、定居或传播所产生的风险；②保护成员境内的人类或动物的生命或健康免受食品、饮料或饲料中的添加剂、污染物、毒素或致病有机体所产生的风险；③保护成员境内的人类的生命或健康免受动物、植物或动植物产品携带的病害或虫害的传入、定居或传播所产生的风险；④防止或控制成员境内内因虫害的传入、定居或传播所产生的其他损害。动植物检疫措施包括所有相关法律、法令、法规、要求和程序，特别包括：最终产品标准；工序和生产方法；检测、检验、出证和批准程序；检疫处理，包括与动物或植物运输有关的或与在运输过程中为维持动植物生存所需物质有关的要求在内地检疫处理；有关统计方法、抽样程序和风险评估方法的规定；以及与粮食安全直接有关的包装和标签要求。协调一致——由成员共同制定、承认和实施的动植物检疫措施。"

为实现《SPS 协定》的目标。这意味着食典委法典的其他目标(如保护公平食品贸易)并没有被包含在内。在食品安全标准领域，与其他国际标准制定机构相比，食典委更具主导地位。这在附件 A 第 3 条（d）中明确规定:“在上述组织未尽事宜方面，可参照向所有成员开放的其他有关国际组织公布的适当标准、指南和建议，例如经食典委所认可的。”然而，“未尽事宜”一词包含的范围仅指食典委已经通过的标准、指南和建议还是也包含食典委将来有权通过的措施，这点协定没有作出明确的规定。

在《TBT 协定》中没有明确列举出食典委等国际标准制定机构，这也许是因为在《TBT 协定》第 2.2 条中列出的合法目的本身不是穷尽的列举。欧共体沙丁鱼案表明，在《TBT 协定》下承认食典委作为一个国际标准制定机构是没有争议的，对此冲突任何一方都没有质疑。《TBT 协定》对国际标准制定机构的唯一要求与标准是其成员资格对所有 WTO 成员开放，在欧共体沙丁鱼案中专家组认为食典委符合这一标准。然而，因为在《TBT 协定》下缺乏明确的规定与引用，对法典标准的承认也不是固定的，而是基于具体案件具体分析。无论如何，食典委作为一个国际标准制定机构，其在该领域的工作与 WTO 成员通过技术法规的合法目标密切相关，其作为国际标准制定机构的地位得到《TBT 协定》的承认是可以确定的。

此外还有一点需要指出，《SPS 协定》和《TBT 协定》都提到为了融合目的而承认的文件的种类，包括标准、建议和指南。《SPS 协定》没有区分这些文件，对这些文件同等引用。例如，《SPS 协定》第 3.1 条规定:“为在尽可能广泛的基础上协调动植物检疫措施；各成员的动植物检疫措施应以国际标准、指南或建议为依据，除非本协定、特别是第 3 款中另有规定。”《TBT 协定》中没有在同一条规定中引用所有这三种措施，第 2.4 条规定："如需制定技术法规，而有关国际标准已经存在或即将拟就，则各成员应使用这些国际标准或其中的相关部分作为其技术法规的基础。"该条中仅使用了"国际标准"这一术语。《TBT 协定》第 5.4 条指出国际标准制定机构所发布、制定的指南和建议，在合格评定程序环境下适用。这样《TBT 协定》似乎区分了国际标准、指南和建议这三类不同的法典措施。[1]

二、法典标准被认为是保护合法目标所必要的措施

《SPS 协定》第 3.2 条和《TBT 协定》第 2.5 条认为技术法规如果与国际标准相符合，则被认为是必要的、没有对贸易造成不必要的阻碍。因此，这种推定符合赋予了国际标准包括法典措施相当的重要性。

如上文中指出，推定符合是可以驳回的，这意味着对符合国际标准的国家措施也可能质疑其国际标准的有效性，这也意味着会危及法典标准在《SPS 协定》和《TBT 协定》下作为必要措施的实际有效性。然而，我们认为首先应该质疑与评估的是国家措施而非国际标准。这意味着鉴于采取措施的成员方的不同情形和条件，国际标准的有效性只有在其与对贸易的最小限制规定不符时才会受到影响。即使在这种情况下，专家组是否会质疑法典标准的有效性仍是不确定的。在荷尔蒙和沙丁鱼案中，专家组和上诉机构对于法典标准制定的程序以及法典标准本身的实质有效性并没有明确的质疑，因为专家组和专家机构认为不应该由争端解

[1] Art. 2. 4 of the TBT Agreement: "Where technical regulations are required and relevant international standards exist or their completion is imminent..." In contrast, Art. 5. 4 of the *TBT Agreement* for instance states that: "In cases where a positive assurance is required that products conform with technical regulations or standards, and relevant guides or recommendations issued by international standardizing bodies exist or their completion is imminent..."

决程序来质疑一项国际标准的有效性。因此，对于推定符合的驳回不是一件容易的事情。而通过推定符合赋予法典标准以重要作用意味着其可以作为基准来检验国家措施。[1]

推定符合还包含另外一个问题，即国际标准的目标是否合法。当国际标准的目标等同于《SPS协定》和《TBT协定》中规定的目标时，国际标准的目标是合法的。但是，对于《SPS协定》和《TBT协定》中没有提到的、而被国际标准制定机构所接受的目标是否在这两个协定下具有合法性则受到质疑。例如，有多少国家愿意接受动物福利作为其技术法规的目标而阻碍产品贸易是不确定的。此外，还有其他几种类型的目标，例如人权保护、儿童劳工条件等，成员方是否愿意将这些目标确定为其技术法规规定的目标也是不确定的。

三、法典标准（措施）的约束力

成员方措施以国际标准为基础的义务是否会使国际标准具有强制性约束力，《SPS协定》和《TBT协定》对此均没有明确的规定。从这两个协定谈判过程的讨论与文件中我们很难确定这是否是成员方的目的或意图。许多学者拒绝承认在《SPS协定》和《TBT协定》下法典标准具有强制约束力。法典标准依据其自身的权利不能获得强制约束力。鉴于《SPS协定》和《TBT协定》对此均保持沉默，通过仔细研究专家组和上诉机构对相关规定的适用，表明法典措施具有一定的事实约束力，或者说至少法典措施的一些要素具有事实约束力。

首先，上诉机构明确拒绝法典标准的强制约束力。在欧共体荷尔蒙案中上诉机构推翻了专家组的结论，认为国家措施以国际

---

〔1〕 D. Abdel Motaal, "The 'Multilateral Scientific Consensus' and the World Trade Organization", *Journal of World Trade*, 38 (2004), p. 863.

标准为依据或基础的义务与将国家措施与国际标准相符合的义务是不同的，因此，上诉机构拒绝了在《SPS 协定》下法典标准具有强制约束力。

上诉机构认为专家组认为《SPS 协定》第 3.1 条要求成员方将国家措施与国际标准、指南和建议相符合，从而实现与国际标准融合，这事实上是赋予了国际标准、指南和建议法律强制力和效果。也就是说专家组对 3.1 条的解释，事实上是将这些国际标准、指南和建议转变为了具有约束性的法律规范。但是《SPS 协定》自身并没有表明成员方有此意思或意图。我们不能轻易地认为主权国家意图通过强制符合或遵守这样的标准、指南或建议而给自己施加更加繁重（而非更少的）义务或负担。[1] 由此可以非常清楚地看出，上诉机构的观点认为《SPS 协定》没有改变法典标准的自愿性质，在《SPS 协定》中没有提到这样的意愿，也没有成员方明确表示这样的意愿，因此法典标准具有强制约束力的地位被否认了。

此外，上诉机构拒绝承认法典标准强制约束力的另一个理由是上诉机构认为"符合"（conformity with ）一词表明具有强制力的含义，而"基于"（based on）一词则没有此含义。分析上诉机构关于两个词语之间的区别，我们可以得出结论，上诉机构认为要求国家措施与国际标准相符合会导致国际标准具有法律约束力，而将国家措施以国际标准为基础则不会导致国际标准具有法律约束力。我们认为这两个词语"conformity with "与"based on "之间义务的区别不能简单地归结为前者有拘束力而后者没有。以某一规范为基础仍可以具有拘束力，尽管不一定涉及该规范中的所有要素。这两个词语之间的差别在于融合、统一方法的不同选择，即完全融合

〔1〕 Report of the Appellate Body, *EC - Measures Concerning Meat and Meat Products (Hormones)*, WT/DS26/AB/R, WT/DS48/AB/R (1998), para. 165.

与部分融合方法。国家措施与国际标准相符合的义务实际是国际标准的完全体现（完全融合方法），国家措施以国际标准为基础的要求意味着国家措施必须包含国际标准的一部分要素（部分融合方法）。因此，根据《SPS 协定》第 3.1 条和《TBT 协定》第 2.4 条规定中以国际标准为基础的要求表明这些国际标准的因素要求被归入或纳入到国家措施中，这也表明国际标准获得了一种事实上的约束性地位。然而，上诉机构忽略了这一点，在欧共体荷尔蒙案和沙丁鱼案中上诉机构并没有准确地说明多大程度上或具体哪些国际标准要素或相关部分要求被纳入或包含在国家措施中。

其次，专家组对“used as a basis”一词的适用。大多数法典标准在内容上规定得非常详细，没有为成员方留下很大的自由裁量余地。欧共体荷尔蒙案和沙丁鱼案中对法典标准的适用就是非常好的例子。在荷尔蒙案中，适用最大残留量标准，以单纯数值的方式表达。在沙丁鱼案中，适用的是由非常详细的标签要求构成的标准，即在 Codex Stan 94 中包含的沙丁鱼和沙丁鱼类产品的标签规定。

在欧共体荷尔蒙案中，专家组认为《SPS 协定》第 3.3 条规定了成员方制定或维持一项没有基于国际标准的卫生措施时需要满足的条件，满足这些非常具体的条件后成员方可以实施或维持比以有关国际标准、指南或建议为依据的措施所提供的保护水平更高的动植物检疫措施。这意味着当决定一项措施是否基于国际标准时，一个决定性的因素是该措施所实现的保护水平。换句话说，专家组在荷尔蒙案中将保护水平界定为一个重要因素。专家组认为为了确保一国的措施基于国际标准，该措施必须反映与国际标准相同的保护水平。专家组选择保护水平作为成员方必须适用的一个要素，这种解释允许存在一定的灵活性，例如国家的最大残留量（MRLs）不用必须与法典的最大残留量（Codex MRLs）

的数值相同，只要两者实现的保护水平是相同的即可。专家组比较了允许的最大残留量（一个是欧共体适用的，另一个是食典委通过的），总结认为二者是不一样的，欧共体的措施并没有基于法典的最大残留量。如上文所提到的，上诉机构拒绝到了专家组对"used as a basis"一词的解释，也没有接受其认为的国家措施需反映相同保护水平的看法。然而，上诉机构没有解释欧共体的措施是否是基于法典的最大残留量。按照上诉机构的逻辑，当一项法典标准是以数值限制的方式表达时，例如在最大残留量中，要确立一个案例表明一项国家措施是基于法典的最大残留量，但同时却与其不完全符合是非常困难的，因此上诉机构拒绝将保护水平作为一个相关性的因素。

在欧共体沙丁鱼案中，专家组和上诉机构的结论为我们提供了更多的指导。对《TBT 协定》第 2.4 条第一部分的适用表明了"基于义务"和"符合义务"两个用语间的不同，这种不同源于《TBT 协定》下有限的融合目标（贸易自由化）与食典委目标（保护消费者和贸易自由化）的不同。[1]例如，相关国际标准 Codex Stan 94 包含规定表明除了 Sardina Pilchardus（一种沙丁鱼）以外，其他种类的沙丁鱼（Sardine - Types）将被命名为"某国、某地区和某种沙丁鱼"或者命名为依据出售该沙丁鱼的国家法律和习惯而命名的通用名。专家组和上诉机构都认为欧共体的法规不允许除了 Sardina Pilchardus 以外其他沙丁鱼被称之为沙丁鱼，这种规定不是基于法典标准。然而，对欧共体法规是否符合法典标准的审查不能仅仅关注其规定必须允许其他种类的沙丁鱼称之为沙丁鱼，也应审查规定是否确保命名与其他的意旨、因素相结合，如国家、地区等，因为这些因素是法典标准中的要素，旨在

---

〔1〕 Provision 6. 1. 1（ii）of Codex Stan 94 – 1981 Rev. 1 – 1995.

保护消费者免受关于其他种类沙丁鱼的性质或原产地的误导信息。可见专家组和上诉机构对《TBT 协定》2.4 条第一部分的适用都非常严格。当涉及法典规定中促进贸易自由化的要素，如以"Sardine – types"命名的规范，专家组和上诉机构都没有留下偏离国际标准的余地。因此，专家组和上诉机构对《TBT 协定》第 2.4 条的适用表明了法典标准事实上的约束力，尤其是那些旨在促进食品国际贸易的规定。[1]

四、法典标准在《TBT 协定》下的法律地位

《TBT 协定》第 2.4 条下举证责任的逆转，第 2.4 条第二部分的用语使用否定词语来表达：除非这些国际标准或其中的相关部分对达到其追求的合法目标无效或不适当。沙丁鱼案中专家组将"ineffective"（"无效"）一词定义为不具有实现合法目的的功能，将"inappropriate "（"不恰当"）一词定义为对于实现合法目的不合适。换句话说，有效性是指 Codex Stan 94 的结果，恰当性是指标准的性质。使用反义的词语意味着秘鲁必须证明国际标准是有效的和恰当的。这种逆转的举证责任在多大程度上对国际标准有效、恰当的地位有影响，是否这种举证责任的逆转意味着国际标准不被认为是合适和有效的。上文中我们已经论证，由申诉方提供证据的

---

[1] Report of the Appellate Body, *European Communities – Trade Description of Sardines*, WT/DS231/AB/R, 26 September 2002, para. 257: "The effect of Article 2 of the EC Regulation is to prohibit preserved fish prepared from the 20 species of fish other than Sardina pilchardus to which Codex Stan 94 refers – including Sardinops sagax – from being identified and marketed under the appellation 'sardines', even with one of the four qualifers set out in the standard. Codex Stan 94, by contrast, permits the use of the term 'sardines' with any one of the four qualifiers for the identification and marketing of preserved fish products prepared from 20 species of fish other than Sardina pilchardus. Thus, the EC Regulation and Codex Stan 94 are manifestly contradictory. To us, the existence of this contradiction confirms that Codex Stan 94 was not used 'as a basis for' the EC Regulation."

证明责任并不重，申诉方的证据任务与国际标准的地位是密切相关的。上诉机构在确立 Codex Stan 94 的地位是否有效和恰当时检查的因素是 Codex Stan 94 与共同体法规目标的相似性以及是否存在规定要求对两类产品区别命名。而对于被诉方要证明国际标准是无效的、不恰当的要求则较高。根据上诉机构，被诉方为了确定 Codex Stan 94 是无效的、不恰当的，必须证明的是在大多数共同体成员内，消费者认为"Sardines"一词的含义排除了 Sardina Pilchardus。

这意味着举证责任的逆转和《TBT 协定》第 2.4 条第二部分中否定词语的使用对国际标准的地位没有产生实质性影响。鉴于《TBT 协定》赋予国际标准的突出作用，上诉机构不愿去质疑 Codex Stan 94 的有效性和合适性。此外，专家组和上诉机构都承认国际标准制定过程中在利益相关者（标准制定机构的成员）之间已经进行了充分的谈判。例如，专家组指出：大多数共同体成员国消费者认为"Sardines"一词的含义是排除了 Sardina Pilchardus，欧共体所表达的这一担忧在制定 Codex Stan 94 时应该已经考虑过了。

五、法典标准在《SPS 协定》下的法律地位

有学者认为上诉机构对《SPS 协定》第 3.3 条的解释可能有损于法典标准在 WTO 中的作用或重要性。[1]事实上，这并不必然导致国际标准功能的削减，因为关于法典标准的融合统一以及使用国际标准的规定不能与协定中其他规定分开独立的进行审查，尤其是第 5 条。

《SPS 协定》第 5 条规范了以科学评估为基础证明卫生及植物卫生措施合理性的义务。专家组和上诉机构的论断表明了即使

---

〔1〕 J. Scott, "International Trade and Environmental Governance: Relating Rules (and Standards) in the EU and the WTO", *European Journal of International Law*, 15 (2004), pp. 325 ~ 326.

在第5条的情形下，国际标准也被用于检查国家措施与这些规定是否相符的工具。不仅在欧共体荷尔蒙案中，其他的专家组和上诉机构的报告，尤其是在澳大利亚三文鱼案中，也涉及国际标准在第5条情形下的作用。

在第5条中国际标准被作为一个参考点或引用点：①第5.1条明确指出，考虑相关国际组织制定的风险评估技术；②如果国际标准制定机构已经进行了风险评估；③《SPS协定》第5.6条下要求各成员方在制定或维持动植物检疫措施，以达到适当的动植物卫生保护水平时，应确保对贸易的限制不超过为达到适当的动植物卫生检疫保护水平所必要的限度，即对贸易的消极影响减少到最低程度这一目标。

首先，《SPS协定》第5.1条引用食品法典委员会制定的风险评估技术。根据第5.1条，各成员应保证其动植物检疫措施是依据对人类、动物或植物的生命或健康所做的适应环境的风险评估为基础，并考虑有关国际组织制定的风险评估技术。〔1〕这实质

〔1〕《SPS协定》第5条："风险评估和适当的动植物卫生检疫保护水平的确定：①各成员应保证其动植物检疫措施是依据对人类、动物或植物的生命或健康所做的适应环境的风险评估为基础，并考虑有关国际组织制定的风险评估技术。②在进行风险评估时，各成员应考虑可获得的科学证据：有关工序和生产方法；有关检查、抽样和检验方法；某些病害或虫害的流行；病虫害非疫区的存在；有关的生态和环境条件；以及检疫或其他处理方法。③各成员在评估对动物或植物的生命或健康构成的风险，并决定采取措施达到适当的动植卫生物检疫保护水平，在防止这类风险所时，应考虑下列相关经济因素：由于虫害或病害的传入、定居或传播，对生产或销售造成损失的潜在损害；在进口成员境内上控制或根除病虫害的成本；以及采用其他方法来控制风险的相对成本效益。④各成员在确定适当的动植物检疫保护水平时，应考虑将对贸易的消极影响减少到最低程度这一目标。⑥为达到运用适当的动植物卫生检疫保护水平的概念，在防止对人类生命或健康，动物和植物的生命和健康构成方面取得一致性的目的，每一成员应避免实施卫生与植物卫生措施协定4在不同情况下任意或不合理的实施它所认为适当的不同的保护水平，如果这类差异在国际贸易中产生歧视或变相限制。各成员应根据本协定第12条第1、第2和第3款中的规定，在委员会中相互合作来制定指南，以推动本条款的实际贯彻。委员会在制定指南时应考虑所有有关因素，包

是在引用国际组织制定的风险评估技术。根据日本－苹果案中专家组的意见，这并不要求成员方的风险评估必须以这些国际风险评估技术为依据或符合这些国际风险评估技术，这表明这些技术应该被认为是具有相关性的。然而，专家组也认同根据第5.1条评估成员方的一项风险评估是否合适、恰当时，国际风险评估技术是非常有用、有意义的指导。不同专家组对第5.1条适用的实践表明国际风险评估技术的这种指导是非常有必要的，因为国际风险评估技术可以增强风险评估科学报告的可接受性。

欧共体荷尔蒙案中因缺乏食典委通过的风险评估技术，专家组在确定欧共体的科学报告是否构成第5.1条下的风险评估时存在困难。在其他案件中（澳大利亚三文鱼和日本苹果案），专家组适用了其他国际组织发展的风险评估技术，例如OIE，IPPC。鉴于这些组织和食典委在《SPS协定》中的地位是一样的，因此食典委的风险评估技术在第5.1条下也具有同样的作用。因此，相关国际组织发展的风险评估技术可以被用作一种解释工具，为《SPS协定》关于风险评估的要求提供内容，这意味着依靠这些技术的内容，法典的风险评估指南可能限制WTO成员决定哪些科学研究可以用作第5条下科学合理性证明的自由裁量权。

（接上页）括人们自愿遭受的人身健康风险的例外情况。⑥在不损害第3条第2款规定的前提下，各成员在制定或维持动植物检疫措施以达到适当的动植物卫生保护水平时，各成员应确保对贸易的限制不超过为达到适当的动植物卫生检疫保护水平所要求的限度，同时考虑其技术和经济可行性。⑦在有关科学证据不充分的情况下，一成员可根据现有的有关信息，包括来自有关国际组织以及其他成员方实施的动植物检疫措施的信息，临时采用某种动植物检疫措施。在这种情况下，各成员应寻求获得额外的补充信息，以便更加客观地评估风险，并相应地在合理期限内评价动植物检疫措施。⑧当一成员有理由认为另一成员制定或维持的某种动植物检疫措施正在限制或潜在限制其产品出口，而这种措施不是以有关国际标准、指南或建议为依据，或这类标准、指南或建议并不存在，则可要求其解释采用这种动植物检疫措施的理由，维持该措施的成员应提供此种解释。”

其次，法典标准的科学基础在解释成员方措施科学合理性时的作用。上文指出，推定符合的规定隐含着与国际标准相一致的措施自动的被认为基于一项风险评估并符合第 5.1 ~ 5.3 条规定。也就是说，国际标准形成了一条分界线，区分了哪些措施是 WTO 接受为具有科学合理性的，哪些措施是需要进一步讨论的。在欧共体荷尔蒙案中，相关的国际标准（Codex MRLs）是基于食品添加剂专家联合委员会实施的风险评估。食品添加剂专家联合委员会的权利不限于制定风险评估的方法和指南，其自身也可以施风险评估。这些科学结论对判断欧共体采取措施是否有科学依据时发挥着重要的作用。

欧共体提出了使用荷尔蒙的各种担忧，并且提供了其所进行的各种科学研究、科学评估，专家组评估了这些研究是否在某种程度上使得食品添加剂专家联合委员会的风险评估无效。更准确地说，专家组检查了欧共体科学评估中提出的担忧在食品添加剂专家联合委员会的风险评估中是否予以考虑。欧共体试图从各方面提出其荷尔蒙使用担忧的科学合理性，但是被专家组拒绝了，因为专家组认为这些担忧在食品添加剂专家联合委员会的报告中已经考虑进去了。此外，专家组认为欧共体批评食品添加剂专家联合委员会关于荷尔蒙使用是安全的其他的观点和结论并不能使得食品添加剂专家联合委员会的结论无效。

食品添加剂专家联合委员会报告及其他科学报告得出结论认为荷尔蒙的使用是安全的，欧共体质疑食品添加剂专家联合委员会得出上述结论的评估方法和评估政策的有效性和相关性。欧共体也提出了其他的担忧，例如关于荷尔蒙特性和活动模式、代谢与结合活动、多种暴露以及检测控制荷尔蒙中存在问题带来的风险等一系列的担忧。食品添加剂专家联合委员会的评估是法典标准的科学基础，因此专家组审查了这些担忧在食品添加剂专家联合委员会的评估是否已经考虑入内。专家组的报告表明这些担忧已经在食品添加剂专家联合委员会的评估中予以考虑，因此这些风险评估事实上已经被接受而不需要进一步的探讨，其他的担忧和因素则必须进一步证明是合理的。因此，食典委专家机构实施的风险评估被认为是一个基准。

这意味着在联合食品标准计划下实施的风险评估限制了 WTO 成员的主权，这种限制延伸到了风险评估政策和风险评估方法。由食品添加剂专家联合委员会实施的国际风险评估是基于特定的政策，即所谓的风险评估政策，这种风险评估政策与确定合适的保护水平是相关的，却是不同的。例如，生长激素作为兽药使用的法典最大残留限量（Codex MRLs）的风险评估是基于良好农业实践（GAP）的概念（良好农业实践认为农民遵守一定实践且仅一定比例的违反）。成员方实施一定措施是基于不同的风险评估政策，成员方必须通过科学证据证明这些风险评估政策的合理性。这对成员方而言不是一件容易的事情，因为食品添加剂专家联合委员会在国际层面上实施的风险评估反映了当时确定的科学原则和观点，很少有科学家（包括在评估中为专家组提供咨询的科学家，）愿意推翻这些评估。因此，食品添加剂专家联合委员会实施的国际科学评估在成员方科学界中具有较高的认同度，质疑其相关性是不容易的。可见，法典标准的科学基础在解释成员方采取更高保护水平措施科学合理性时的重要作用。

最后，法典标准与最小贸易限制措施的选择。《SPS 协定》第 5.6 条规定："各成员在制定或维持动植物检疫措施以达到适当的动植物卫生保护水平时，各成员应确保对贸易的限制不超过为达到适当的动植物卫生检疫保护水平所要求的限度。"也就是说禁止成员采取超过实现合适保护水平所必需的、具有更多贸易限制的措施。

根据澳大利亚三文鱼案中，专家组的意见认为当存在另外一项措施属于经济和技术的可行性是可以合理地实现、可以实现成员合适的卫生和植物卫生保护、相比相竞争的措施明显的具有较小的贸易限制性时，则一项措施被认为具有较多的贸易限制。[1]如果已经通过了一项国际标准，承认这种国际标准是卫生保护所必要的实质上就等于承认该国际标准属于最小的贸易限制措施，这种承认是源于《SPS 协定》第3.2 条推定符合的规定。这点也清楚地反映在《SPS 协定》第 5.6 条中提到的不损害第3.2 条的前提下。这意味着为了界定受争议的措施是否与第 5.6 条相符合，受争议的措施将与国际标准进行比较。在《SPS 协定》第 5.6 条下法典标准措施被认为是实现卫生保护所必需的、对贸易限制最小的措施，因此其发挥了基准性的作用。

第三节 法典措施在 WTO 协定下地位的变化

在一定程度上法典标准通过《SPS 协定》和《TBT 协定》具有事实上的约束力。然而，这种拘束力限制在法典标准的部分要素中，而非作为整体的法典标准。进一步说，这些要素的约束力是间接的，因为其需要通过 WTO 协定的约束性规定发挥作用。食典委的法典接受程序旨在实现大部分法典规定的约束力，然而在 2005 年第 28 次食典委大会上，考虑到在 WTO 协定的环境下，接受程序不再具有相关性而被废除。

WTO 协定生效对于法典接受程序有何影响、这两个体系之间

[1] Report of the WTO Panel, Australia – Measures Affecting the Importation of Salmon, WT/DS18/R (1998), para. 8. 167. As confirmed by the Appellate Body in Australia – Salmon, these elements have to be met cumulatively in order to conclude non – conformity with Art. 5. 6 (Report of the Appellate Body, Australia – Measures Affecting the Importation of Salmon, WT/DS18/AB/R, para. 194).

有何区别，本部分将分析 WTO 协定生效的影响及作为法典措施融合工具的接受程序的废除。

一、WTO 协定下法典措施的范围

法典接受程序仅仅适用于法典标准和最大残留量（MRLs），其他文件如操作规范和准则不属于接受程序的对象，属于非约束性的规定。而在《SPS 协定》和《TBT 协定》下则不同，这些协定的义务延伸到了指南和建议操作规范。尽管上文中的阐述主要集中于法典标准和 最大残留限量（MRLs）的地位，然而从《SPS 协定》和《TBT 协定》的用语中隐含着标准部分要素事实上的约束力也同样适用于其他法典措施。

《SPS 协定》第 3 条使用的术语是标准、指南和建议。相应的，该条规定的义务和推定符合规定也包含了其他法典措施。SPS 委员会强调《SPS 协定》不区分标准、指南和建议，成员方的实际适用取决于实质内容而非通过的文本的种类。

《TBT 协定》的方法有些不同，其在不同部分引用了三种类型的文件。“标准”（“standards”）一词用在“技术法规和标准”部分的第 2 条，该部分主要规范技术法规的融合。“指南和建议”（“guides and recommendations”）用在“符合技术法规和标准”部分的第 5 条中，包含合格评定程序的类似规定。《TBT 协定》中术语使用不是与法典措施的种类相对应的，涉及合格评定程序方面并不排除使用指南或建议。对于这一问题，TBT 委员会秘书处与法典秘书处给出了解释，其引用了上文中 SPS 委员会的观点（上文中提到的文件的实质内容比文件实际的名称更为重要）并总结这一观点也适用于《TBT 协定》。因此，如果遵循这一解释，所有相关的文件，只要实质上与合格评定程序相关，即在《TBT 协定》第 5 条下具有可适用性，而所有其他与技术法规相关的文件在第 2 条下具有可适用性。

二、WTO 协定下法典措施的目的

《SPS 协定》和《TBT 协定》的义务以及法典接受程序下的义务都是以结果为导向的，这意味着法典措施的实施需要实现一定的结果而没有将实施的方式施加给成员。然而，法典接受程序的融合目标与 WTO 协定的目标是不一样的，这就导致二者所要实现的结果也不一样。

法典接受程序中完全接受方式带来的义务有两个直接的目的：确保符合标准的食品自由的流动而不受与食品标准相关的行政和法律规定的阻碍；确保不符合标准的食品（不能确保一定的保护水平）不能自由流通。也就是说法典接受程序下义务的直接目的是促进食品公平贸易实践以及保护人类健康。相比较，《SPS 协定》和《TBT 协定》的义务直接目的在于防止或消除源于使用技术标准、卫生植物卫生检验检疫措施而带来的国际贸易壁垒。WTO 框架下没有任何一个协定中包含使用法典标准来确保最低保护水平的义务。

这意味着在 WTO 协定融合过程中使用的法典规定的范畴是有限的。法典完全接受程序的义务涵盖法典标准的所有要素，而《SPS 协定》和《TBT 协定》下的义务却不必然涵盖法典标准中的所有要素，其义务仅包含法典中旨在促进食品自动流通的要素。同样的，源于法典完全接受程序的义务涉及进口食品和国内同类食品产品。而《SPS 协定》和《TBT 协定》下的义务，仅集中于进口食品，其目的是防止和消除贸易壁垒。这点可以在《SPS 协定》第 12.4 条中得到确认，该条规定：委员会应制定程序，监督国际协调进程及国际标准、指南或建议的采用。为此，委员会应与有关国际组织一起拟定一份它认为对贸易有较大影响的与动植物检疫措施方面有关的国际标准、指南或建议清单。该清单应包括各成员对《实施卫生与植物卫生措施协定》国际标准、指南或建议所做的说明：哪些被用作进口的条件，或者在符合哪些标准的基础上进口产品才能进入他们的市场。在一成员不将国际标准、指南或建议作为进口条件的情况下，该成员应说明其中的理由，特别是它是否认为国际标准、指南或建议不够严格，而无法提供适当的动植物检疫保护水平，如一成员在对采用标准、指南或建议作为进口条件作出说明之后又改变立场，则它应对改变做出解释，并通知秘书处以及有关国际组织，除非它根据附件2程序做出这样的通知和解释。[1]该条规定规范SPS委员

---

〔1〕《SPS协定》第12条："管理：①现在成立动植物检疫措施委员会，为磋商提供经常性场所。它应履行为必要的职能，以执行本协定的各项规定，并推动其目标，特别是有关协调一致的目标的实现。委员会应通过商量一致作出决定。②委员会应鼓励和促进各成员之间就特定的动植物卫生检疫问题进行不定期的磋商或谈判。委员会应鼓励所有成员使用国际标准、指南和建议。在这方面，它应举办技术磋商并开展研究，以提高在批准使用食品添加剂，或确定食品，饮料或饲料中污染物允许量的国际和国家制度或方法方面的协调性和一致性。③委员会应同动植物卫生检疫保护领域同有关国际组织，特别是食品法典委员会、国际兽疫局和《国际植物保护公约》秘书处保持密切联系，以获得用于管理本协定的最佳科学和技术意见。并确保避免不必要的重复工作。④委员会应制定程序，监督国际协调进程及国际标准、指南或建议的采用。为此，委员会应与有关国际组织一起拟定一份它认为对贸易有较大影响的与动植物检疫措施方面的国际标准、指南或建议清单。该清单应包括各成员对实施卫生与植物卫生措施协定国际标准、指南或建议所作的说明：哪些被用作进口的条件，或者在符合哪些标准的基础上进口产品才能进入他们的市场。在一成员不将国际标准、指南或建议作为进口条件的情况下，该成员应说明其中的理由，特别是它是不以为国际标准、指南或建议该标准不够严格，而无法提供适当的动植物检疫保护水平，如一成员在对采用标准、指南或建议作为进口条件做出说明之后又改变立场，则它应对改变做出解释，并通知秘书处以及有关国际组织，除非它以根据附件2程序做出这样的通知和解释。⑤为避免不必要的重复，委员会可酌情决定使用通过有关国际组织实行的程序、特别是通知程序所产生的信息。⑥委员会可根据一成员的倡议，通过适当渠道邀请有关国际组织或其分支机构审议与某个标准、指南或建议有关的具体问题，包括根据第4款对采用有关标准所作解释的依据。⑦委员会应在WTO协议生效之日起的3年后，仅在此后有需要时，对本协定的运作和执行情况进行审议。委员会在适当时，特别是根据在本协定实施过程中所取得的经验，可向货物贸易理事会提议修改本协定条款。"

会对国际融合的监督过程，在这一过程中，要求 WTO 成员表明那些被用作进口条件的国际标准、指南或建议，或者以此为依据的进口食品可以自由进入其市场。

因此，与食典委接受程序中反映的目的相比，法典措施作为一种融合工具在 WTO 协定下的使用是受到限制的。

三、WTO 协定下法典措施的（间接）约束力

上文已经指出，法典标准在接受程序下的约束力源于成员对法典标准所作出的同意的意思表示，尤其是对于法典标准和最大残留量（MRLs）适用的义务仅源自于接受程序下明确表示的同意。接受程序下对于法典标准的接受是一种单方行为，带来的义务缺乏相互、互惠的特征。此外，法典接受程序破坏了法典标准的统一适用，因为其为成员提供了接受法典标准和最大残留量（MRLs）的不同选择方式。

通过欧共体沙丁鱼案和荷尔蒙案专家组所作出的决定，我们可以清楚地看到，国家明确表示同意的方法不再适用于法典标准产生的义务。在沙丁鱼案中，专家组明确表示，在《TBT 协定》下法典标准的有效性并不取决于标准是否被成员所明确同意接受。欧共体提出的观点认为欧共体成员和秘鲁都没有在法典接受程序下明确表示接受相关的法典标准，专家组中期报告中对此作出了回应：我们考虑了这一观点，但在决定 Codex Stan 94 是否是一项国际标准时这种观点并不具有相关性。《TBT 协定》第 2.1 条中指出，一项国际标准是指被一个公认的国际标准制定机构所批准的文件，而并不要求标准被接受并作为国内法的一部分。Codex Stan 94 被食典委通过，我们认为这就是决定在《TBT 协定》下一项国际标准是否具有相关性的因素。在荷尔蒙案中，专家组的决定认为《SPS 协定》没有对国际标准实现该协定第 3 条目的的相关性

施加任何条件，第3条的相关性仅源于国际标准存在的事实。上诉机构持相似的看法。[1]因此，在WTO两个协定下，食典委通过标准或最大残留量（MRLs）这一事实就已经产生了义务，而不是由国家来决定或选择国际标准、指南或建议的相关部分作为国家要求的基础。此外，审查必须足够广泛，不允许成员只选择一项国际标准的某些相关部分。如果某一部分是相关的，其必须作为构成技术法规基础的众多因素中的一个。在欧共体荷尔蒙案中，欧共体认为法典的最大残留量（Codex MRLs）不是相关的国际标准，因为最大残留量（MRLs）反映的仅仅是一种保护水平，不属于一项真正的措施。换句话说，欧共体认为法典中最大残留量（Codex MRLs）不规范荷尔蒙生长促进激素的使用，而欧共体的法规则规范其使用。欧共体认为，唯一与欧共体法规相关的法典标准是兽药使用控制的操作规范。然而，专家组认为法典的最大残留量（Codex MRLs）是相关的国际标准，专家组这种结论的基础是标准事实上已经存在。专家组认为，标准已经存在，这是《SPS协定》第3.1条与《SPS协定》附件A第3段[2]所施加的唯一条件。

《TBT协定》第2.4条的用语[3]除了引用国际标准外，还

---

[1] In its analysis, the Appellate Body rejects any relevance that the Codex acceptance procedure or an incorrect application of the Codex standard - setting procedure may have on the determination whether an international standard is a relevant standard.

[2] 《SPS协定》附件A第3段："国际标准、指南和建议：①在粮食安全方面，指食品法典委员会制定的有关食品添加剂、兽药和杀虫剂残存物、污染物、分析和抽样方法的标准、指南和建议，以及卫生惯例的守则和指南；②在动物健康和寄生虫病方面，指国际兽疫局主持制定的标准、指南和建议，以及卫生惯例的守则和指南；③在植物健康方面，指在《国际植物保护公约》秘书处与该公约框架下运行的区域组织合作制定的国际标准、指南和建议。"

[3] 《TBT协定》第2.4条："如需制定技术法规，而有关国际标准已经存在或即将拟就，则各成员应使用这些国际标准或 其中的相关部分作为其技术法规的基础，除非这些国际标准或其中的相关部分对达到其追求的合法目标无效或不适当，例如由于基本气候因素或地理因素或基本技术问题。"

引用了相关国际标准的草案，标准草案意味着即将完成的标准，这也意味着国际标准的草案（即使在食典委通过前）在《TBT 协定》第 2.4 条下被认为是具有相关性。然而，到目前为止，关于“imminent ”一词的含义没有给出任何解释，该词语的宽泛解释和适用会带来实践中的许多问题。因为法典成员在标准制定程序中的最后同意是至关重要的，尤其是在接受程序已经被废除、没有接受程序来表达其同意的情形下。此外，鉴于法律的确定性，WTO 成员需要依赖这一事实，即国际标准草案的内容在草案即将完成时与草案最后被通过的这段时间内不会再有改变（除了一些编辑上的变化）。

法典标准地位在 WTO 协定下与之前在接受程序下相比发生了很大的变化，法典标准的这种新地位源于标准最后被通过的事实，甚至是即将完成（如《TBT 协定》第 2.4 条中规定）。因为法典标准的法律拘束力是间接的、需要通过 WTO 协定来发挥作用，所以其带来的义务与 WTO 规定的义务是相似的，在性质上具有双边性。

四、法典接受程序的废除

接受程序的废除意味着法典成员已经明确地失去了在标准通过后表达同意的可能性，也意味着反映在接受程序中的不同的融合水平已经消失了。偏离法典标准的可能性主要是包含在法典接受程序中不同的接受方式。法典接受程序废除后意味着 WTO 成员有义务适用法典措施的相关部分，（这是以一种强制性的方式表达的，尤其是法典标准），其在国内适用层面没有留下太多的灵活适用空间。这也意味着偏离法典措施的可能性主要通过对 WTO 协定中允许偏离的相关规定的解释来实现。因此，食典委所预期的不同的融合水平在很大程度上消失了。

尽管法典措施的地位得到了加强，我们认为 WTO 协定的生效并没有使法典接受程序完全过时。[1] WTO 协定仅仅关注法典措施作为一种融合工具来减少贸易壁垒，然而，其融合功能并没有包含确保最低消费者保护水平。随着接受程序的废除，食典委将法典措施作为融合工具的第二项职能即法典标准的适用作为最低消费者保护水平予以削减，旨在确保最低消费者保护水平的法典规定在性质上仅仅具有建议性。尽管，接受程序事实上的确没有很好地发挥作用，但这是否能构成将食典委促进法典规定在其成员中适用来确保特定消费者保护水平的机制废除的充分理由仍然有待探讨。

第四节　国际食品法典委员会与 WTO 的关系

WTO 根据其章程的规定没有制定国际标准的权利。与早期的《TBT Code》（《TBT 协定》的前身）采用的方法相似，WTO 依赖于其他已经存在的国际标准制定机构制定的标准，并承认这些机构所有的专家和专业能力。这种方法加强了这些国际标准制定机构的地位，而非赋予 WTO 新的权利。食典委属于 WTO 协定中指出的国际标准制定机构，这意味着 WTO 和食典委的关系是分权关系，即食典委负责“立法行为”国际标准的制定，WTO 负责确保国际标准的适用。[2]

为了促进国家措施的融合，《SPS 协定》和《TBT 协定》都

---

〔1〕 S. Suppan, “Governance in the Codex Alimentarius Commission”, *Consumers International*, 11 (2005), pp. 22 ~ 24.

〔2〕 M. A Livermore, “Authority and Legitimacy in Global Governance: Deliberation, Institutional Differentiation, and the Codex Alimentarius”, *New York University Law Review*, 81 (2006), p. 790.

要求 WTO 成员完全参与国际标准机构的决策制定过程中。[1]此外,《SPS 协定》强调其成员必须促进国际标准、指南和建议的制定、发展与周期性的审查。《SPS 协定》和《TBT 协定》尤其鼓励发展中国家参与国际标准制定机构的活动。为了努力促进成员积极参与国际标准制定机构,TBT 委员会通过了《国际标准、指南和建议发展原则》(以下简称《发展原则》)。[2]该《发展原则》表明应该遵循以下原则和程序:透明度、公开性、公正性和协商一致,该《发展原则》并不旨在指导国际标准制定机构如何发展、制定国际标准,而是鼓励 WTO 成员参与到这些标准制定机构中。

然而,WTO 制度结构中也存在阻碍食典委作为标准制定机构发挥其功能的方面,例如专家组和上诉机构作为负责解释法典措施的裁决机构、SPS 委员会作为监督融合过程的机构等方面。

一、国际食品法典委员会与 WTO 争端解决机制

《SPS 协定》和《TBT 协定》是 WTO 框架的一部分,这意味着所有 WTO 成员可以将《SPS 协定》和《TBT 协定》下的权利义务争端提交给 WTO 争端解决机制。自 WTO 生效以来,专家组作为裁决机构的地位得到不断加强,在 GATT 体系下专家组的决定是协商一致通过的,在 WTO 体制下专家组的决定(可以被上诉机构推翻、修改或者支持)只能通过协商一致而否决或拒绝[3]。上

---

〔1〕 Art. 2. 6 of the *TBT Agreement* and Art. 3. 4 of the *SPS Agreememnt.*

〔2〕 Decision of the Committee on Principles for the Development of international Standards, Guides and Recommendations with relation to Arts. 2, 5 and Annex 3 of the Agreement, in Decisions and Recommendations adopted by the Committee since 1 January 1995, Note by the Secretariat, G/TBT/1/Rev. 8, 23 May 2002. This decision of the TBT Committee does not have binding force.

〔3〕 规定在《关于争端解决规则与程序的谅解》(Dispute Settlement Understanding,简称 DSU)中。

诉机构的地位也得到加强。专家组和上诉机构这两个机构都解释和适用《SPS 协定》和《TBT 协定》下的权利义务规定，这些协定中包含对法典措施的引用（上文已经详细阐述过），因此专家组和上诉机构也成为有关法典措施解释和适用争端的裁决机构。这点也是最为复杂的，因为 WTO 争端解决机制为其与其他国际组织之间的合作提供了很少的法律空间，在司法责任方面是自给自足的。《关于争端解决规则与程序的谅解》关注的仅是 WTO 规定的解释和适用。

（一）争端解决机制缺乏对法典标准程序合法性的司法审查

WTO 框架下建立的专家组没有获得明确的授权来审查法典标准制定程序的合法性以及通过该程序制定的法典措施的合法性。专家组和上诉机构在荷尔蒙案和沙丁鱼案中拒绝承担这一责任。

在荷尔蒙案中，欧共体认为法典标准以 33 票同意、29 票反对通过，还有 7 个弃权票，这表明出席会议成员是少数。欧共体的争论集中于与荷尔蒙相关的最大残留限量（MRLs）获得通过的方式。尽管欧共体指出法典标准制定程序的合法性存在问题，专家组和上诉机构都没有确认法典标准制定程序是否符合食典委的内部规则。专家组认为，《SPS 协定》中没有针对国际标准与《SPS 协定》第 3.3 条目的的相关性施加任何条件，只要该国际标准存在即可。因此，当专家组决定成员是否有义务在制定国家措施时以国际标准为依据，按照 3.1 条的规定，仅仅需要审查是否存在这样的国际标准。为此，我们不需要考虑这些标准是由多数还是少数协商一致通过。[1]

---

[1] Report of the WTO Panel, EC - Measures Concerning Meat and Meat Products (Hormones), Complaint by the United States, WT/DS26/R/USA (1997), para. 8.69. Report of the WTO Panel, EC - Measures Concerning Meat and Meat Products (Hormones), Complaint by Canada, WT/DS48/R/CAN (1997), para. 9.72.

沙丁鱼案中也提及食典委的程序规则，欧共体依据食典委内部规则认为，在法典标准制定程序第 8 步中可以作出一个编辑性的改变，而非一个实质性的改变。如果在第 8 步中是一个实质性的修改，则必须在最后通过之前将文本返回给上一步中的相关机构征求意见。欧共体认为制定 Codex Stan 94 的程序中，在第 8 步作出的是一个实质性的改变，因此欧共体声称 Codex Stan 94 是无效的，不能被认为是在《TBT 协定》2.4 条下的一个相关的国际标准。然而，专家组没有解决这一问题，其依据的是《TBT 协定》第 2.1 条中关于标准的定义。该条中标准的定义既没有包含通过标准的程序要求，也没有包含食典委程序的引用，因此专家组没有进行关于通过 Codex Stan 94 程序合法性、正确性的司法审查。欧共体也提出了另外一个观点，认为依据 TBT 委员会通过的《发展国际标准、指南和建议的原则》中规定的协商一致原则，法典措施没有通过协商一致而通过。专家组也拒绝了这一观点，专家组拒绝使用 TBT 委员会决定中规定的协商一致标准作为解释工具来审查法典标准在《TBT 协定》下的相关性，专家组认为欧共体所引用的决定是一个政策声明而非解释《TBT 协定》2.4 条中规定的相关国际标准的规定。〔1〕在沙丁鱼案上诉中，上诉机构也否认了其有责任审查 Codex Stan 94 的法典制定程序的正确性。上诉机构认为《TBT 协定》附件一第 1.2 条中关于标准的定义没有包含程序上协商一致通过的要求，因此审查其法典程序合法性不是上诉机构的职责。〔2〕专家组和上诉机构明确拒绝对法典措施的司法审查也遭到了批评与质疑，认为这会导致缺乏法律的安全

---

〔1〕 Report of the WTO Panel, European Communities – Trade Description of Sardines, WT/DS231/R, 29 May 2002, para. 7.91.

〔2〕 Report of the Appellate Body, European Communities – Trade Description of Sardines, WT/DS231/AB/R, 26 September 2002, para. 227.

性，也会导致即使非法通过的法典措施在 WTO 协定下也成为相关的标准。例如智利在沙丁鱼案中表达的观点：专家组和上诉机构的调查结论或裁决结论反映了《TBT 协定》附件一第 1.2 条允许非协商一致通过的标准。在这方面，智利同意欧共体的观点，认为只有经协商一致通过的标准才能认为是与《TBT 协定》第 2.4 条的目的相关的，这点也得到了 TBT 委员会关于《发展国际标准、指南和建议原则》的决定的确认，而这一决定在上诉机构的报告中甚至没有提到。上诉机构的分析与解释似乎使得不符合国际标准制定机构决策程序的标准也被视为相关的国际标准。智利希望将来这一点能被上诉机构予以澄清。[1]

WTO 争端解决机制缺乏对国际标准制定程序的司法审查，这实际上对食典委施加了更多的责任与义务来确保法典标准的制定程序是合法、恰当的。然而，如同智利和欧共体所表达的担忧那样，在《TBT 协定》和《SPS 协定》下即使国际标准的制定不符合食典委《程序手册》规则仍然被认为是相关的国际标准。上诉机构在沙丁鱼案中的决定没有为专家组提供更多的空间来审查法典措施在这些条款下的有效性。《TBT 协定》第 2.4 条和《SPS 协定》第 3.1 条指出只有相关的国际标准予以考虑。WTO 专家组的权力是有限的，即其只能解释 WTO 协定的规定，因此我们需要思考的是，是否不符合食典委程序规则制定的法典标准仍然可以被认为是相关国际标准。

（二）争端解决机制专家组对法典措施的解释

在《SPS 协定》和《TBT 协定》中均有对法典措施的引用，因此法典措施的含义也应成为 WTO 的事项。在 WTO 争端中当一方当事国援引了《SPS 协定》或《TBT 协定》的相关规定时，专家

〔1〕 Dispute Settlement Body, 23 October 2002, WT/DSB/M/134, p. 12, para. 41.

组必须解释相关的法典措施。然而，专家组对法典措施的解释能否与法典结构下的原有含义、目的和功能相一致仍然是一个问题。

WTO 框架下《关于争端解决规则与程序的谅解》第 3.2 条〔1〕要求专家组按照通常的解释规则解释 WTO 协定的规定。《维也纳条约法公约》第 32 条、第 33 条构成了通常的解释规则，该解释规则旨在确保条约的解释符合其目标、目的和上下文。〔2〕因此，维也纳解释规则可以成为专家组和上诉机构确保对法典措施的解释与法典措施原有含义、目的、功能保持内在一致性的重要工具。

《关于争端解决规则与程序的谅解》第 13 条〔3〕规定了专家

〔1〕《关于争端解决规则与程序的谅解》第 3 条："世界贸易组织的争端解决机制是为多边贸易体制提供安全和可预见性的一个中心环节。成员方公认这种机制可用来保障各有关协议下各成员方的权利和义务，并可用来依照解释国际公法的惯例，澄清有关协议现有的条款规定。争端解决机构的各项建议和裁决不能增加或减少各有关协议所规定的权利和义务。"

〔2〕《维也纳条约法公约》第 32 条："解释之补充资料为证实由适用第三十一条所得之意义起见，或遇依第三十一条作解释而：（甲）意义仍属不明或难解；或（乙）所获结果显属荒谬或不合理时，为确定其意义起见，得使用解释之补充资料，包括条约之准备工作及缔约之情况在内。"第 33 条："以两种以上文字认证之条约之解释：①条约约文经以两种以上文字认证作准者，除依条约之规定或当事国之协议遇意义分歧时应以某种约文为根据外，每种文字之约文应同一作准。②以认证作准文字以外之他种文字作成之条约译本，仅于条约有此规定或当事国有此协议时，始得视为作准约文。③条约用语推定在各作准约文内意义相同。④除依第一项应以某种约文为根据之情形外，倘比较作准约文后发现意义有差别而非适用第三十一条及第三十二条所能消除时，应采用顾及条约目的及宗旨之最能调和各约文之意义。"

〔3〕《关于争端解决规则与程序的谅解》第 13 条："寻找资料的权利：①每个专家小组应有权从其认为合适的任何个人或机构寻找资料和征求技术性意见。然而，专家小组在其从某个成员方管辖范围内的任何个人或机构寻找此类资料或征求意见以前，应通知该成员方的主管当局。成员方对专家小组索取它认为必要和适当的资料之请求应作出迅速而全面的答复。未经该成员方提供资料的个人、机构或主管当局正式授权，被提供的保密资料不得泄露。②各专家小组可以从任何有关的资料来源渠道寻找资料，也可以就该问题的某些方面向专家咨询，以征求他们的意见。关于由争端一方提出的涉及科学或其他技术性问题的与事实有关的论点，专家小组可以请求专家评审小组提供书面咨询报告。设立此类评审小组的规则及其程序在附件 4 中加以陈述。"

组寻求信息和咨询专家的另外一个工具是可以寻求食典委或其任何一个附属机构来提供帮助解释法典措施。

1. 通常解释规则适用的义务范围。《关于争端解决规则与程序的谅解》第3.2条中关于适用通常解释规则义务范围的规定构成了对法典措施解释适用通常解释规则的障碍。《关于争端解决规则与程序的谅解》第3.2条提到条约解释的通常规则时，其主要是解释WTO协定下的规定，暗指通常规则仅关注WTO规定的解释。法典标准并不构成WTO协定的一部分，不能被专家组直接执行。正因为如此，在沙丁鱼案中秘鲁认为对法典标准的解释是一个事实评估而非法律解释，因此，适用通常解释规则解释的义务不适用于法典措施。

WTO案例法表明适用通常规则解释的义务范围也并非十分严格。专家组对通常解释规则的适用超越了WTO规定，专家组也将其适用到解释“外部的”规定。例如，在欧共体香蕉案（EC – Bananas III）中，《洛美协定》（Lome Convention）〔1〕对争议的适用性受到质疑，因为《洛美协定》不属于专家组引用的范围，也不是WTO协定的一部分。专家组认为有必要解释《洛美协定》，因为GATT缔约国将其纳入，因此，其也成为GATT/WTO的事项。在US – Section 211中，专家组也承认在《TRIPs协议》下，协定规定的解释规则也适用于《巴黎公约》。

即使如此，专家组和上诉机构都没有明确承认法典措施在WTO协定下是可适用的法律，并认为《关于争端解决规则与程

---

〔1〕《洛美协定》，1975年2月28日，非洲、加勒比海和太平洋地区46个发展中国家（简称非加太地区国家）和欧洲经济共同体9国在多哥首都洛美开会，签订贸易和经济协定，全称为《欧洲经济共同体 – 非洲、加勒比和太平洋地区（国家）洛美协定》，简称《洛美协定》或《洛美公约》。

序的谅解》第 3. 2 条的规定也无此意图。然而需要说明的是上诉机构也没有拒绝将法典措施视为可适用的法律。在沙丁鱼案中，秘鲁提出对法典措施的解释是事实问题而非法律解释，上诉机构没有解决与回应秘鲁提出的观点，而对此保持沉默。上诉机构确实对法典标准的含义进行了一项评估，因为上诉机构的权能限于解决法律问题，因此这一评估直接指向的是法典标准作为可适用法律的事实承认。专家组和上诉机构对法典措施的解释没有受到解释规则的约束，缺乏可适用的解释规则可能会导致对法典措施的解释与其在法典自身体系内的含义、目的和功能相反或不同，缺乏可适用的解释规则也会导致对专家组和上诉机构解释行为合法性的控制非常困难。

2. 专家组从外部寻求信息的权利。《关于争端解决规则与程序的谅解》第 13. 1 条规定专家组有权利从任何合适的个人或机构寻求信息和技术建议，第 13. 2 条规定专家组可以从任何相关的来源获得信息，并与专家进行磋商、获得他们对该有关方面的意见。因此，《关于争端解决规则与程序的谅解》第 13 条的规定为专家组就法典措施的含义与效力咨询食典委或者其附属机构提供了可能。《关于争端解决规则与程序的谅解》允许专家组与其他国际组织合作。专家组已经将这一条款作为其咨询国际组织的依据与基础。

然而，对《关于争端解决规则与程序的谅解》第 13 条适用的实践表明对国际组织的咨询限制在对事实信息的咨询而并没有包含对相关规定的法律解释。例如，在印度数量限制案中，专家组总结到第 13. 1 条为专家组提供了咨询国际货币基金组织获得关于印度货币储备及其收支平衡信息的基础。在 US – Section 211 中，专家组基于《关于争端解决规则与程序的谅解》第 13. 1 和

第13.2条的规定咨询了世界知识产权组织（WIPO）[1]关于《巴黎公约》规定的事实信息。基于《关于争端解决规则与程序的谅解》第13条和《SPS协定》第11.2条，专家组咨询了六名专家。尽管大多数专家是科学专家，其中一名专家是法典秘书处的代表，该专家为专家组提供了一些关于国际标准的历史及其程序的功能与运作的意见，也给出了一些关于最大残留量（MRLs）和适量饮食摄入（ADIS）的解释以及这些是否可以被认为是法典措施的意见。咨询法典秘书处代表，这一例子表明了《关于争端解决规则与程序的谅解》第13条在确保专家组的解释与法典措施最初的含义和目的相一致方面是有用的。然而，《关于争端解决规则与程序的谅解》第13条也存在缺陷。

其一，对国际组织进行咨询的权能不是强制性的，留给了专家组一定的自由裁量权。这就出现了在欧共体沙丁鱼案中专家组拒绝咨询食典委关于相关法典标准含义的情形，因为专家组认为没有咨询的必要。而上诉机构认为，根据《关于争端解决规则与程序的谅解》第13.2条专家组的拒绝没有超过其自由裁量权，符合其自由裁量权的范围。

其二，寻求信息或咨询专家的权能包含咨询相关机构的代表以及咨询科学专家，《关于争端解决规则与程序的谅解》第13条及其他条款规定并没有区分这两种咨询。事实上对国际组织代表的咨询与对科学专家的咨询功能是不同的。前者的功能旨在提供背景信息、帮助专家组更好地解释当前的案件。后者的咨询旨在

---

〔1〕 世界知识产权组织是一个致力于促进使用和保护人类智力作品的国际组织。总部设在瑞士日内瓦的世界知识产权组织，是联合国组织系统中的16个专门机构之一。它管理着涉及知识产权保护各个方面的24项（16部关于工业产权，7部关于版权，加上《建立世界知识产权组织公约》）国际条约。直到2014年4月为止，世界知识产权组织有187个成员。

提供科学专业知识、帮助专家组解决争端中出现的比较难的科学问题。因为缺乏这样明确的区分，这种责任的混合可能导致出现个人给出的信息或建议超出了其职能范围的情形。

专家组对《关于争端解决规则与程序的谅解》第 13 条的适用，尤其是在《SPS 协定》下的适用，表明咨询科学专家的重要性。专家组作出的有关《SPS 协定》争端的决定反映了科学专家的观点对专家组决定的重要影响。在这些案件中，因为缺乏明确的区分导致了科学专家给出的建议是关于国际标准的解释，而这些是本该由国际标准制定机构提供的建议。在欧共体荷尔蒙案中，科学专家给出的信息已经在食品添加剂专家联合委员会的报告以及法典措施的制定过程中予以考虑，而这些信息本应该是留给指定的食典委的代表提供的。同样的，在澳大利亚三文鱼案中，两个科学专家给出了关于《动物疫情监测指南》（OIE 指南）的解释建议。这些案件都表明区分相关国际组织机构的咨询与科学专家的咨询是非常有必要的。

二、国际食品法典委员会与 SPS 委员会

《SPS 协定》第 12.4 条规定："委员会应制定程序，监督国际协调进程及国际标准、指南或建议的采用。"《SPS 协定》明确 SPS 委员会的职责在于发展一种监督国际融合进程及使用国际标准的程序。这种程序可以成为《SPS 协定》中已经规定的成员通知义务的补充，同时也赋予了成员权利，其可以要求获得那些具有贸易扭曲影响且不是以现存国际标准为依据的卫生措施的理由。

SPS 委员会的这种监督职能与食典委或其秘书处职能有一定的重叠。根据《SPS 协定》第 12.4 条的规定，委员会应制定程序，监督国际协调进程及国际标准、指南或建议的采用。为此，

委员会应与有关国际组织一起拟定一份它认为对贸易有较大影响的与动植物检疫措施有关的国际标准、指南或建议清单。这意味着 SPS 委员会所发展的监督程序集中关注要求 WTO 成员通知委员会关于其使用和不使用具有重要贸易影响的国际标准、指南和建议。这种监督程序与之前食典委接受程序中的“通知要素”很相似。随着接受程序的取消，这意味着与法典措施相关的通知的监督变成了 SPS 委员会的主要职能。

事实上源于二者职能重叠带来的负面影响是非常小的，可以忽略不计。《SPS 协定》第 12 条包含几个规定旨在避免与其他国际标准制定机构所作工作的这种重复。例如，第 12.3 条规定：“委员会应同动植物卫生检疫保护领域同有关国际组织，特别是食品法典委员会、国际兽疫局和《国际植物保护公约》秘书处保持密切联系，以获得用于管理本协定的最佳科学和技术意见，并确保避免不必要的重复工作。”这意味着委员会为了确保避免不必要的重复努力将保持与相关国际组织的密切接触。法典秘书处参与 SPS 委员会的会议、WTO 的代表出席食典委的会议，就是践行上述规定。此外，第 12.5 条规定：“为避免不必要的重复，委员会可酌情决定使用通过有关国际组织实行的程序、特别是通知程序所产生的信息。”该条规定为委员会提供了使用这一程序所产生的信息以及在其他相关国际组织中信息的可能性。

SPS 委员会的这一监督程序以及其要求国际标准制定组织检查一项标准、指南或建议特定部分的权能对这些国际组织没有实质上的意义。虽然 SPS 委员会有为法典制定程序提交建议的可能性，但这种权能对于法典委员会不具有法律约束力。此外，SPS 委员会鼓励其成员参与国际标准制定组织的活动，并希望国际标准制定组织制定工作重点时考虑 SPS 及其成员的情形与信息，但这些也都是非正式的。

本章小结

WTO 框架下《SPS 协定》和《TBT 协定》中用来促进贸易自由化的一个工具就是实现各国措施的融合与统一，这两个协定都使用了国际标准（即那些由外部标准制定机构发展、制定的国际标准）作为一种融合工具。这两个协定规定 WTO 各成员方有义务确保其采取的措施以国际标准为依据。通过在这两个协定中明确援引国际标准，且明确承认国际食品法典标准作为国际标准，法典措施的地位得到了增强。

《SPS 协定》和《TBT 协定》鼓励各国采取的国家措施与国际标准相一致，并给予采取与国际标准相一致措施的 WTO 成员重要的优势，这些成员可以免除证明其措施合理性的要求。这种推定符合意味着国际标准在《SPS 协定》和《TBT 协定》下自动的被认为是合理的、必要的贸易障碍。这种推定符合也意味着法典标准具有检验国家措施的作用。

国家采取的措施以国际标准为依据的要求在性质上是强制性的，这是否意味着法典标准在《SPS 协定》和《TBT 协定》下已经获得了法律约束力。尽管，上诉机构拒绝了法典标准的法律约束力，专家组和上诉机构在相关争端案件中非常严格地适用这一义务表明法典标准事实上的约束力，至少一定程度上具有事实上的约束力。当然，法典标准事实上的约束力不是直接的，只有通过 WTO 协定约束性规定的适用才能发挥作用。此外，这种事实上的约束力并不是将法典标准作为一个整体考虑，而是限制在标准的某些要素或规定中。尽管上诉机构没有明确指出是哪些要素，欧共体沙丁鱼案可以为我们提供一些启示，即约束性要素范围与《SPS 协定》和《TBT 协定》目标相关。换句话说，已经获得约束力的法典标准的范围限制在旨在进一步促进贸易自由化的标准要素，因此，其范围没有涵盖旨在保护人类健康和食品公平贸易实践的标准要素。

《SPS 协定》第 3. 1 条、第 3. 3 条以及《TBT 协定》第 2. 4 条的第二部分中规定的偏离国际标准的自动、明确的权利赋予了 WTO 成员偏离国际标准的可能性。然而，《SPS 协定》和《TBT 协定》都规定这种权利不是无条件的或绝对的，其受到国际标准是否能够实现一定的卫生保护水平或其他一国或地区所追求合法目的限制。此外，这两个协定下的通知程序要求成员通知其对国际标准的偏离并且应其他成员的要求而证明其偏离的合理性。《TBT 协定》下，如果这些国际标准对于实现其合法目标是不合适或无效的，偏离国际标准的权利可以被接受。《SPS 协定》下，国家采取的措施只有符合第 5 条规定才能认为与第 3. 3 条相符合。第 3. 3 条与第 5 条相比属于附属地位，第 5 条中国际标准被用作检查国家措施是否与该条相符的参考点。欧共体荷尔蒙案中的报告表明，在《SPS 协定》第 5 条情形下，食品添加剂专家联合委员会的科学报告、风险方法和风险评估政策（正是这些形成了相关国际食品法典标准的基础）作为参考点发挥了很重要的作用。在第 5. 6 条的情形下，禁止成员采取超过了实现一定保护水平所必需的具有贸易限制的措施，法典标准仍然作为参考点发挥作用。法典标准的这种作用源自于第 3. 2 条中推定符合的规定即只要符合国际标准就被认为是对贸易的必要的限制。总之，在《SPS 协定》和《TBT 协定》下，要证明偏离法典国际标准的合理性不是非常容易，这也证实了国际食品法典标准事实上的约束力。

法典标准的地位在《SPS 协定》和《TBT 协定》下得到了加强。在原法典接受程序下，法典标准只有通过成员明确的接受才能获得约束力。而在《SPS 协定》和《TBT 协定》下，法典标准的地位不需要国家的同意，而是源于法典标准已经法典标准制定程序通过的事实。此外，需要指出的是这两个协定都引用了国际标准、指南和建议，这三种类型的措施都被包含在强制性或义务性的规定中。这与法典的接受程序不同，接受程序仅适用于法典标准和最大残留限量（MRLs）。WTO 协定和法典接受程序，二者追求的目标不是完全相同的。《SPS 协定》和《TBT 协定》主要是服务于贸易的自由化，没有涵盖食典委所追求的保护人类健康和公平食品贸易实践。

世界贸易组织自身不是一个标准制定机构，其依靠外部的国际标准制定机构（例如食典委）来制定国际标准。这意味着 WTO 和食典委之间的关系可以被界定为是分权关系，食典委负责"立法"行为，WTO 负责适用与执行。WTO 制度体系中有两个方面可能影响食典委功能的发挥。其一，当遇到需要恰当解释和适用法典措施的情形时，规定在《关于争端解决规则与程序的谅解》中的 WTO 争端解决机制规则，不能确保专家组和上诉机构充分发挥作为裁决机构的功能。《关于争端解决规则与程序的谅解》没有关于当出现法典措施的通过与食典委标准制定程序规则不符时，对法典措施进行司法审查的规定，这导致了当法典措施在食典委内部被非法通过而在 WTO 协定下国家措施又必须以其为依据时的法律不确定性。通过在《SPS 协定》和《TBT 协定》下引用国际标准，法典措施的解释也成为一个 WTO 问题，而专家组对法典措施的解释如何与在国际食品法典框架下的含义、目的和功能相符也存在不确定性。其二，SPS 委员会作为咨询性的监督机构，其职能与食典委的职能存在相互重叠的部分。

第五章

《国际食品法典》与国际食品安全公共治理[1]

第一节　国际食品安全公共治理现状

当今国际社会食品安全问题的全球化决定了在国际层面开展全面的、有效的食品安全公共治理尤为必要。世界贸易组织（WTO）、世界卫生组织（WHO）、国际食品法典委员会（CAC）等政府间国际组织以及一些非政府间国际组织都致力于国际层面的食品安全公共治理，发挥了一定的积极作用，然而仍存在诸多问题，限制其作用的充分发挥。

一、主要国际组织食品安全公共治理现状

（一）世界贸易组织

世界贸易组织食品安全治理的规则主要是GATT1994第1条、第3条、第11条和第20条以及《SPS协定》和《TBT协定》。GATT1994第1条和第3条确立的国民待遇原则和最惠国待遇原则是WTO体制的基石，也是实现贸易自由化目标的基本制度保障。这两项原则贯穿WTO协定始终，涵盖货物贸易、服务贸易和与贸易有关的知识产权保护，与食品贸易密切相关的食品安全

---

〔1〕关于食品安全、公共治理以及食品安全公共治理等内容，为了与中国国情结合，将在本书第六章予以详细论述。

问题也是其调整对象。GATT1994 第 11 条规定一般性禁止数量限制，在一般情况下 WTO 成员不得禁止或限制不安全食品的进口。GATT1994 第 20 条规定了自由贸易原则的一般例外，其中第 20 条（b）项规定，在不构成对情形相同的国家之间任意或不合理的歧视或对国际贸易的变相限制的前提下，成员有权采取为保护人类、动植物的生命或健康所必需的措施。此条款是关于人类及动植物健康保护的条款，但因为食品与人类和动植物健康间的直接关联，这一条款可视为 WTO 关于食品安全规制的一般性表述。

《SPS 协定》和《TBT 协定》中，前者主要规范与食品安全相关的卫生措施，后者主要规范与食品安全质量相关的技术法规、标准和合格评定程序。《SPS 协定》的法律规则主要涵盖食品安全、动物健康和植物健康三个领域，其中食品安全是核心问题，该协定的主要目标是确保成员方提供其认为适当的健康保护水平的权利不为贸易保护主义所滥用且不会对国际贸易造成不必要的障碍（《SPS 协定》和《TBT 协定》具体规定第四章已经详细阐述）。此外，SPS 委员会鼓励和便利各成员之间就特定卫生和植物卫生问题进行不定期的磋商或谈判，鼓励所有成员使用国际标准、指南和建议。

（二）世界卫生组织

世卫组织开展食品安全治理的法律依据主要源自于《世界卫生组织组织法》（以下简称《WHO 组织法》）和《国际卫生条例》。《WHO 组织法》第 1 条规定，世界卫生组织的宗旨是："使全世界人民获得尽可能高的健康水平"，为了实现这一宗旨，章程赋予世卫组织广泛的职能，包括在食品安全标准制定方面的职能，将"发展、确立和推动关于食品、生物制品和药品等国际标准”列为世卫组织的职能之一。[1]

世卫组织规制食品安全问题的另一法律依据来自《国际卫生条例》（2005）。1951 年世界卫生大会通过了《国际卫生规则》，1969 年修改为《国际卫生条例》。《国际卫生条例》主要是把先前对各国生效的多个相关公约和协议合并成为一个单一的法律文件，成为唯一防止传染病蔓延的国际法律机制。2000 年第 53 届世界卫生大会通过了决议，要求 WHO 总干事关注国际食品贸易中的公共健康问题，制定监测食源性疾病的全球战略并展开一系列有关食品安全与健康的其他活动。[2]2001 年世卫组织发布了《WHO 全球食品安全战略：增进健康需要更加安全的食品》（以下简称《全球食品安全战略》）为其实施保障全球食品安全的职能提供了框架性规划。《全球食品安全战略》确认食品安全是全球公共卫生的一个重点问题，该战略的目标是减轻食源性疾病带来的健康和社会负担。为实现这一目标，《全球食品安全战略》确定了三个方面的行动计划：倡导和支持以科学的风险分析为基础的、可持续健康发展的、完整的食品体系；提供以科学为导向的覆盖整个食品链条的食品安全管理措施，以防止食品中出现不可接受的微生物和化学物质危害；评估和管理食源性风险，交流信息，并加强与其他系统和伙伴的合作。上述工作为《国际卫生条例》的修订做了必要准备。2005 年第 58 届世界卫生大会对《世界卫生条例》进行了修订，新的《国际卫生条例》（2005）已经于 2007 年 6 月起实施。《国际卫生条例》（2005）的目的是防止疾病的跨境传播，保证人类健康安全，同时最小化对国际交通和贸易的消极影响。与先前的《国际卫生条例》相比，《国际

---

〔1〕《WHO 组织法》第 2 条。

〔2〕 WHO, Fifty – Third World Health Assembly, Eight Plenary meeting, A53/VR/8, May 20, 2000.

卫生条例》(2005)主要具有以下特点:将规制的对象由边境卫生检疫报告传染病扩展为包括食源性疾病在内的多种传染病及可能构成国际关注的突发公共卫生事件;强调加强国家间的联系和国家的能力建设,特别是传染病的监测预警、应急反应能力等方面;强调针对可能构成国际关注的突发公共卫生事件的紧急情况,各国有及时通知并采取必要卫生措施的义务;强调确定发生国际关注的突发公共卫生事件时,WHO 有权按规定程序发布临时建议和长期建议,赋予了 WHO 一项更加明确的权力——向其成员推荐有助于控制疾病国际传播的措施。[1]

WHO 在上述法律依据的基础上,开展的国际食品安全治理行动主要体现在以下四个方面:制定食品安全国际标准和发展风险分析方法;收集与提供食品安全信息;帮助成员开展食品安全能力建设和开展消费者教育。

在制定食品安全国际标准和发展风险分析方法方面,与粮农组织合作实施联合食品标准计划并建立了食典委执行这一计划。世卫组织积极参与食典委的工作,建立和发展食品安全国际标准,包括推动风险分析方法的采用。例如,2006 年世卫组织与粮农组织共同发布了《食品安全风险分析——给各国食品安全主管部分的指导建议》。[2] 该文件对风险分析的三个组成部分——风险评估、风险管理和风险交流的概念和实施步骤做了详尽分析,促进了各成员实施风险分析的积极性和协调性。在收集与提供食品安全信息方面,2004 年世卫组织与粮农组织合作建立了"国际

---

〔1〕 韩永红:《食品安全国际合作法律机制研究》,中国书籍出版社 2013 年版,第 71 页。

〔2〕 FAO/WHO, Food safety risk analysis – A guide for national food safety authorities, FAO Food and Nutrition Paper No. 87, available at http://www.fao.org/docrep/005/x1271e00.htm.

食品安全主管部门网络”（the international food safety authorities network，简称 INFOSAN），交由世卫组织的食品安全、人畜共患疾病和食源性疾病局运行和管理，作为其实施《全球食品安全战略》的一部分。帮助成员方尤其是发展中国家加强食品安全能力建设也是世卫组织职能的一部分。2000 年发布的世卫组织第 53.15 号决议要求总干事支持成员方，尤其是不发达国家的能力建设，帮助他们全面参与食品法典和其他委员会的工作。2001 年发布的《全球食品安全战略》中再次强调“发展中国家自身能力的缺乏是实现世界卫生组织规定的食品安全目标的最大的障碍”。为帮助发展中国家成员加强其食品安全能力建设，世卫组织在《全球食品安全战略》中提出了四项行动计划：①鼓励捐赠者将食品安全作为发展中国家公共卫生的重点优先给予支持；②以 WHO 食品安全战略中的基本要素和地区的特殊需要为基础，制订地区性的食品安全战略；③建立 WHO 能力建设合作中心网络；④为食品安全行动提供技术帮助和教育用具。世卫组织在食品安全能力建设方面的实践主要表现为发布指导建议和提供相关技术培训。此外，WHO 和 FAO 还共同主持召开了泛欧食品安全和质量会议和亚洲及太平洋区域食品安全会议，以促进地区间食品安全主管机构的合作，提供风险分析和食品安全其他问题的相关培训。向消费者普及食品安全知识也是世卫组织的职能之一。WHO 认为，食品的污染除了可能发生在食品链中的各个环节，很多食源性疾病也可能是因为家庭或餐饮企业对食品处理不当造成的。所以，WHO 注重食品准备、制作过程中的消费者食品卫生、安全教育。2007 年世卫组织发布了《食品安全五大要点》培训手册。除此手册外，世卫组织还发布了《安全备制、储存、处理婴儿配方奶粉指导建议》、《旅行者食品安全指导》等文件，还针对不同的受众提供相应的补充材料和信息，所有信息都可以在世卫组织食品安全网站上获得，世卫组织通过网站和出版物扩大这些文件和活动的影响范围。

（三）非政府间国际组织

非政府间国际组织是由各国的自然人或法人根据国内法订立协议而自愿成立或加入的社会组织；它们的成员构成具有国际性，活动范围跨越一国国界；它们是非营利性的社会组织，在政治、经济和组织运营上独立于各国政府，通常以服务于国际社会的公共利益为宗旨。[1]非政府间国际组织的作用，主要体现在以下几个方面：向国家及政府间组织提供咨询和信息，为国际社会提供智力服务；影响各国政府和政府间组织的决策议程；监督国家及政府间组织国际义务的实施；参与实施政府间组织的项目，为国际社会发展提供特定服务；国际争端和平解决的非正式协调者。[2]

在食品安全领域非政府间国际组织主要有三类：①国际标准制定组织，例如国际标准化组织；②国际贸易政策咨询组织，例如国际食品与农业贸易政策会议；③国际消费者权益倡议组织，例如公共利益科学中心、消费者国际组织和消费者食品组织国际联合会。

国际标准化组织（ISO）是当今世界最具影响力的非政府性质的标准制定机构，其成员主要是各国标准化团体，其宗旨是在全球范围内促进标准化工作的开展、以利于国际资源的交流与合理配置、扩大各国在科学、技术、专业知识和经济领域的合作，其主要活动是制定各种国际标准，包括国际食品标准。此外，ISO 还负责协调世界范围内的标准化工作，组织各国标准化团体

---

〔1〕 Hobb S, "Global Challenge to Statehood: The Increasingly Important Role of NGO", *Indiana Journal of Global Legal Studies*, 5 (1997), pp. 191 ~ 207.

〔2〕 饶戈平：《全球化进程中的国际组织》，北京大学出版社 2005 年版，第 8 ~ 13 页。

进行情报、信息交流，并与其他国际组织如世界贸易组织等保持合作，共同探讨研究有关标准化问题。ISO 制定的食品标准主要是 ISO/TC34。[1] 2005 年 ISO 发布了《ISO22000：食品安全管理体系——对食品链中各类组织的要求》（简称 ISO22000），该标准是基于危险分析与关键控制点制度（简称 HACCP）开发的国际标准，可适用于食品供应链内各环节的主体，包括食品生产者、运输仓储经营者、分包商、零售商、餐饮机构，以及设备生产、包装材料、清洁剂、添加剂和辅料的生产者等。

国际食品与农业贸易政策会议旨在通过影响政府、制定务实的食品和农业贸易政策，促进建立一个更加开放、公开的全球食品体系。该会议主要关注三个领域的政策制定问题即农业贸易谈判、农业与农村发展和食品技术与食品标准。该组织召集来自发展中国家和发达国家的贸易决策者、农业管理者和经济学者开展讨论、交流信息，达成共识并向决策者提供政策参考。2008 年国际食品与农业贸易政策会议发布了一个重要文件即《通过大西洋两岸合作帮助发展中国家生产者达到美国和欧盟的食品要求》，希望通过影响美国和欧盟决策者，实现彼此间的食品安全合作，从而提高进口食品的安全性和促进食品贸易自由化。

公共利益科学中心是国际消费者权益倡议组织之一，2003 年启动了安全食品国际非政府项目并资助建立国际消费者食品组织国际联合会。安全食品国际非政府项目旨在指导各国消费者组织为保障世界范围内的食品安全而努力。该项目的目标在于通过整合和动员全球范围内的消费者组织，改善消费者组织所在国的食品安全治理体系，以确保食品在跨出国境前的安全性。消费者组织联合会派员参加世卫组织、世界贸易组织、粮农组织、食典委

[1] TC34 是专门负责农产食品工作的技术委员会，下设 14 个分技术委员会，针对不同的食品类别制定相应的食品标准。

和经济合作与发展组织的会议，并且是食典委的观察员，积极参与食品标签、营养和特殊膳食用途食品、进出口检查和认证制度和生物技术临时特别小组的工作。

二、国际食品法典委员会食品安全公共治理现状

食典委是粮农组织与世卫组织于1963年联合创立的政府间国际组织，负责实施FAO/WHO联合食品标准计划。该组织的宗旨是通过建立一个国际协调一致的食品标准体系，保护消费者的健康及促进食品的公平贸易。

食典委是专门负责食品标准协调的政府间国际组织，其主要工作是制定国际食品法典，包括食品标准、指南及其他法典措施。食品法典共有13卷，包括300多项食品产品标准，40多项卫生或技术操作规范，1000多种食品添加剂，3300多种农药和兽药最大残留限量。[1] 制定食品法典的大部分工作由下设的各类法典委员会完成，这些委员会负责标准草案的准备、拟定等工作。食典委依据科学原则通过“八步二读”程序制定国际食品标准、指南及其他法典措施（这部分内容第三章已经详细阐述）。

食典委制定的食品标准、指南和其他法典措施没有国际法上的约束力，但是通过《SPS协定》和《TBT协定》极大地提升了国际标准、指南和建议的法律地位，从而强化了食品法典在协调国际食品安全标准方面的突出作用（这部分内容第四章已经详细阐述）。

在致力于促进国际食品安全过程中，食典委也逐渐意识到帮助成员尤其是发展中成员国进行能力建设的重要性。“一些国家在遵守食品法典标准上的能力欠缺已置公共健康、消费者保护和发展

〔1〕韩永红：《食品安全国际合作法律机制研究》，中国书籍出版社2013年版，第74页。

中国家及其农民的全球市场利益于危险之中。"[1]因此，发展中国家的食品安全能力建设已经成为食典委关注的重要领域。2001年食典委第24次会议，通过了《关于食品安全和食品质量能力建设——CAC第24次会议报告》，确立协助成员国国家进行能力建设的目标，具体包括：就食品控制的法律、法规、政策、监管机构的审查和分析提供技术援助；确认食品安全控制制度的薄弱点；发展关于"良好食品控制制度"的建议和推荐措施；培训食品控制官员、技术人员、食品分析师、食品检查人员和管理人员；强化食品控制的实验室能力；支持和强化国内食品法典委员会的建设。[2]为实现上述目标，鼓励最不发达国家成员和发展中国家成员积极参加食品法典委员会议，2003年第25次特别大会上食典委设立了"食品法典信托基金"，该基金主要致力于帮助发展中国家和处于转型期的国家积极充分参与食典委及食品法典的各种活动。

为了适应食品贸易和食品技术发展的新形势，食典委积极推进自身建设。《国际食品法典委员会2008~2013年战略规划》提出了食典委的战略目标和行动计划：①推动建立一个健全的食品安全控制框架。包括以科学原则为基础发展国际标准、指南和其他法典措施以降低整个食品链条上的健康风险；食品安全的法典标准，包括有关标签的标准应反映全球不同国家间的差异性；在制定法典标准和其他文本时，法典委员会应考虑所有成员的技术和经济状况以及发展中国家的特殊需要，包括他们的基础设施、资源技术和法律能力；食品法典标准和其他文件不应对发展中国家的出口造成不必要、不合理和歧视性的阻碍。②推动科学原则和风险分析方法广泛和一致地应用。③强化食典委的工作管理能

[1] CAC, "Capacity Building for Food Quality and Food Safety Report of the Twenty - Fourth Session", 2 ~7 July, 2001, p. 7.

[2] Ibid, p. 5.

力。④推动法典委员会和其他有关国际组织的合作，尤其是与OIE和IPPC的合作。⑤推动成员尤其是发展中成员国最大程度上的有效参与。[1]随着全球食品贸易的扩展、公共健康意识的增强和生物技术的发展，制定和统一食品安全标准的需求会进一步强化。我们可以预见，作为唯一专门负责食品标准制定和协调统一的政府间机构，食典委将会扮演愈益重要的角色。

综上所述，虽然以上政府间和非政府间国际组织均积极的促进国际食品安全治理，然而世界贸易组织、世卫组织以及非政府间国际组织在协调食品安全标准促进公共治理方面均存在不同程度的局限。世界贸易组织WTO本身是一个多边贸易体系，宗旨主要是消除国际贸易壁垒，促进国际自由贸易。食品安全治理、保障食品安全并不是WTO关注的首要问题。WTO框架下《SPS协定》与《TBT协定》鼓励各成员采用国际食品法典标准的目的主要在于消除各成员之间因食品安全标准、规范的不同而对国际食品贸易带来的不必要的障碍和壁垒。因此，世界贸易组织的主要目的在于通过采纳国际标准，协调各国食品安全标准与进出口检验检疫措施，消除贸易壁垒，促进自由贸易。世卫组织虽然是世界范围内最主要的卫生组织，然而其倾向于采取灵活的、非约束性的建议、指南等方法，使其在食品安全领域中的治理活动存在一定的脆弱性。国际标准化组织和国际消费者组织等非政府间国际组织因为其本身不具有国际法主体资格，其行为能力受到一定限制，因此其在食品安全国际治理中存在一定的不确定性。食典委虽然在其发展实践中也遇到诸多问题（下文会详细阐述），然而作为世界范围内唯一一个制定国际食品安全标准的专门性国际组织，在食品安全标准协调、统一、促进食品安全公共治理领

---

〔1〕 Codex Alimentarius Commission, Codex Alimentarius Commission Strategic Plan 2008 ~ 2013, http://www.codexalimentarius.net.

域有自身独特的优势，因此其将在食品安全国际公共治理领域发挥越来越重要的突出作用。

第二节 《国际食品法典》在国际食品安全公共治理中面临的问题

一、国际食品法典委员会制度结构合法性问题

任何一个国际组织的合法性与其权力范围密切相关。国际组织的权力范围是有限的，依赖于成员国政府的权力让渡。国际组织制度结构合法性问题主要是关于该国际组织实施、执行的权力与其被授予的权力范围是否相一致。如果该国际组织超过了其授予的权力范围，将导致其制度本身的合法性危机。此外，制度合法性也取决于成员认为该国际组织的各个内部机构之间以及与所涉外部机构之间的权力分配是否恰当。

食典委的制度合法性主要涉及食典委、食典委附属机构以及标准制定过程中涉及的相关机构各自的权力范围，具体而言，主要分析讨论食典委《章程》第1条所规定的食典委的规范性权力范围，以及法典委员会、工作组、专家机构、其他在制度框架内负责标准制定的国际组织的权限与地位。

在国际食品法典标准制定过程中涉及三种类型的机构，每种机构具有不同的职能与地位，也面临不同的权能限制：①法典委员会和特设政府间工作组；②专家机构；③相关国际组织。

第一种类型的机构即法典委员会和工作组是从食典委直接获得授权，职能主要是准备标准草案和其他文件并将这些文件提交给食典委予以批准。第二种类型的机构即专家机构是直接在粮农组织和世卫组织框架下工作，受这两个组织确立的内部规则约束。专家机构与食典委及附属机构的关系是基于风险评估者与风险管理者之

间的权力分离关系。专家机构的主要职能是建议性的，基于食典委及附属机构的授权执行风险评估。第三种机构即相关国际组织，这类国际组织在法典标准制定过程中与法典委员会和工作组具有类似的职能，也参与标准草案和其他文件的准备。然而，这类国际组织不是食典委的附属机构，因此不受食典委内部规则的约束。

（一）国际食品法典委员会的规范性权能

食典委规范性权能源于两个上级组织向其成员提交建议权能的灵活应用，法典成员从来不反对这种权能灵活适用的理由是所通过的标准是没有强制性约束力。然而，随着 WTO 协定的生效，国际标准、指南和建议的通过不再仅仅是向成员国政府提交建议的行为，这也表明了重新考虑食典委规范性权能法律基础的重要性。

食典委的授权规定在《章程》第 1 条中，[1] 该条没有明确提到其有权通过有约束力的规定，该条仅暗含着食典委可以最后通过和公布法典标准。第 1 条的授权是否意味着食典委具有通过有约束力规定的隐含权力，对这一问题的回应，也取决于成员对其上级组织粮农组织和世卫组织的权力授权。遵循授权原则，粮农组织和世卫组织不能将超过其从成员获得的权力授予食典委。相应的，审查其上级机构的权能范围有助于解释食典委第 1 条的权能范围。

《FAO 章程》第 XIV 条允许粮农组织通过公约或协定，于是面临的第一个问题是法典措施能否被认为是该条中所规定的公约

---

〔1〕 食品法典委员会应按食典委《章程》第 5 条的规定，负责就有关执行粮农组织/世界卫生组织联合食品标准计划的所有事项，向粮农组织和世卫组织总干事提出建议，并接受他们的咨询，其目的是：①保护消费者健康，确保食品贸易的公平进行；②促进国际政府与非政府组织所有食品标准工作的协调；③确定优先次序，通过适当的组织并在其协助下发起和指导标准草案的拟定工作；④最终确定根据上文③款拟定的标准，并在切实可行的情况下，作为区域或全球标准与其他机构根据上文②款敲定的国际标准一同在《食品法典》中予以公布；⑤根据形势发展酌情修改已公布的标准。

或协定。即使公约或协定的含义范围非常宽泛，包含了食典委通过的标准及其他法典措施，生效的问题仍然取决于公约或协定中生效条款的具体规定（即该公约、协定如何生效、何时生效等条款）。这与《SPS 协定》第 3.3 条和《TBT 协定》第 2.4 条相矛盾，因为这些规定适用于所有国际标准制定机构通过的标准、指南和建议，并不要求这些机构的成员的同意。

《WHO 组织法》第 21 条允许卫生大会通过规章，第 22 条规定当卫生大会通过规章的通知发出后将对所有成员生效，除非成员在通知规定的时期内通知总干事其拒绝或者提出保留。尽管规章的生效与规章的通过是密切相联系的，成员仍然有可能阻止规章的生效。如同粮农组织大会的权能，世界卫生组织卫生大会的规范性权力仍然从属于成员方的最后同意。

通过以上分析我们认为，在食典委及其上级组织的章程中都缺乏关于其有权制定一经通过即具有约束力的规范的法律基础。虽然缺乏这种法律基础，食典委规范性权能的合法性并没有受到质疑，在《SPS 协定》和《TBT 协定》中对法典措施的引用就是一种证明。然而，这两个协定对法典措施的引用并不能成为确保食典委长期合法性的坚实基础。

（二）法典委员会的分权及其相互间关系

财政独立确保了法典委员会运作的持续性，法典委员会可以经常性召开会议，大多数情形下其开会次数超过了食典委。法典委员会，尤其是综合主题委员会和特设政府间工作组以高度的专业性为特征。这点在食典委《议事规则》第Ⅺ.4 条中有明确规定，[1]要求附属机构成员的代表应该是相关领域的专家。法典委员会在法典标准制定程序中有重要的职能，即负责标准草案的

---

〔1〕 附属机构成员代表应尽可能连续任职，且应当是在各自附属机构领域内非常活跃的专家。国际食品法典委员会秘书处：《程序手册》2012 年第 21 版，第 11 页。

准备以提交给食典委批准通过，与专家机构保持联系、承担主要的风险管理的任务，这加强了法典委员会在标准制定程序中的地位。法典委员会在法典标准制定过程中的建议、提议具有较大的影响，大量的委员会提议被食典委接受，这也导致了法典标准制定程序中的分权趋势。这种分权趋势是基于法典委员会的机构，即每一个委员会有特定的专业领域和独特处理问题的方法。委员会发展的各自不同的独立程序，在一定程度上会损害法典标准制定领域统一的方法。

法典委员会的权能比较广泛，尤其是可以提出新工作议案的权力使其地位进一步加强。这种加强的地位如果没有很好的处理协调，可能妨碍食典委及其附属机构作为一个整体的有效运作。2005 年一个咨询小组审查了法典委员会的结构和权能，在执行委员会第 55 次会议上，该咨询小组表达了其对法典委员会自治特征的担忧：食典委是由一些准自治的法典委员会组成的，这些准自治委员会制定其自己的日程，受到来自食典委的监督较少。〔1〕

关于法典委员会授权范围内制度合法性问题主要有两个方面的担忧：启动新工作的提议；法典委员会相互间的关系。

首先，法典委员会启动新工作的提议。法典委员会可以作出启动一项新工作的决定，虽然这一决定需要提交食典委批准，但是大多数新工作启动的提议都是在委员会层面提出再提交食典委批准。有一些法典委员会，如农药残留委员会（CCPR）、兽药残留委员会（CCRVDF）以及之前的食品添加剂和污染物委员会（现在该委员会分为了两个独立的委员会即食品添加剂委员会和食品污染物委员会），在决定专家机构（尤其是食品添加剂专家联合委员会和农药残留联席会议）工作重点方面发挥重要的作

---

〔1〕 Report of the 55th Session of the Executive Committee, Rome, 9 ~ 11 February 2005, ALINORM 05/28/3, para. 27.

用。在食典委第 28 次会议上，这种地位得到进一步加强，该会议通过决定：法典附属机构向食品添加剂专家联合委员会提出关于添加剂和污染物建议的请求都要经过食品添加剂和污染物委员会，向食品添加剂专家联合委员会提出关于兽药残留建议的请求都要通过兽药残留委员会。在 1993 年以前（1993 年将不同的制定程序合并为统一的制定程序），农药残留委员会和兽药残留委员会发起建立一项最大残留量（MRLs）的制定程序并不需要得到食典委的批准的活动，此外，其可以与专家机构的联合秘书直接联系。

法典委员会可以确定自己的工作重点，从而在启动新工作方面的作用得到加强。法典委员会的提议对于启动新工作的重大影响可能有损食典委以及法典委员会采取行动的内在一致性。

其次，法典委员会相互间的关系。食典委运作框架下属于一个法典委员会职权范围内的事项也会涉及其他委员会。因此，经常出现的情形是一个提议的标准草案或其他相关文本必须通过两个或多个不同的法典委员会才能最后提交给食典委，而在不同法典委员会之间存在权能重叠、关系不协调等问题。

法典委员会之间的关系也有不同的种类。一种关系是综合主题委员会与商品法典委员会之间，二者都涉及商品标准的准备。在这种情形下，一个商品标准由一个商品法典委员会准备，为了规范某一特定的事项也需要提交给综合主题委员会。例如，盐渍大西洋鲱鱼和盐渍鲱鱼标准草案就草案卫生标准的规定需要鱼和鱼制品法典委员会提交给食品卫生法典委员会批准。另外一种关系是两个综合主题委员会之间。例如，分析和采样方法委员会（CCMAS）提出并起草一项实验室有效分析方法，也需要（在其 24 次会议上）提交给农药残留委员会，该分析方法标准被农药残留委员会进行了修改，其修改案又被分析和采样方法委员会重新修改。经过分析和采样方法委员会的考虑，在提交给食典委之前也提交给了一般原则法典委员会（CCGP）。这样就出现了法典委员会关系如何处理问题，究竟应该由哪一个委员会来负责标准或相关文本的哪一部分以及在整个标准制定程序中会涉及哪些委员会的问题。

（三）科学专家机构的权力

在食品法典的框架下，专家机构应食典委及其附属机构的要求而开展工作，并向其提供科学建议。专家机构提出的科学建议是基于食典委及其附属机构给予的授权旨在服务于法典标准措施的制定。有学者指出，在食典委的框架下，这属于“被授权的科学”（或者“授权科学”，mandated science），是科学和科学家为了管理目的而发挥作用。“授权科学”（mandated science）与“通常科学”（normal science）是不同的，前者是为了管理、规范目的而进行评价或提出建议，此种情形下科学家从属于公共压力，这种压力往往会对专家机构风险评估科学完整性构成一定的危害。授予专家机构的权力界定不是很清晰，这会导致科学和政治考量的模糊。

在食品法典标准制定程序中，专家机构与食典委之间的关系是风险评估者与风险管理者之间的关系。法典措施食品安全的规定性质上是跨科学的，它们涵盖的事项和所要解决的问题不可能仅仅通过科学家来解决。风险评估是为法典措施最后通过前的决策制定过程提供科学建议。为了提出有用的科学建议，风险评估是基于一定的假设即科学家有能力得出科学结论。这样的假设具有政治性质。在“通常科学”（normal science）情形下，科学家自己提出问题，而为了管理或规范目的的科学评估情形下，决策制定者为科学家提出问题。因此，作为风险管理者和科学建议的要求者，法典委员会的任务是界定这些假设和决定，使其成为专家机构进行风险评估的基础。在食典委《程序手册》中将这些作为风险评估基础的假设和决定等界定为“风险评估政策”。根据《食品安全相关风险分析术语的定义》，风险评估政策被定义为：关于方案选择以及对其在适当决策点应用的相关判断的文字准则，以便保持这一过程的科学完整性。[1]

2003年食典委第26次会议上通过了《食品法典框架下风险分析适用的工作原则》（下文称之为《工作原则》），该《工作原则》定义了风险评估者和风险管理者的责任，之前没有相关定义，因此这被认为是一个进步。《工作原则》清晰明确地规定了风险评估政策的决定属于风险管理的一部分。因此，法典委员会作为风险管理者的作用不仅限于提出要求，作为风险管理者，其任务在于与专家机构互动、通过制定风险评估政策限制专家机构的任务和职能。《工作原则》第14条表明，风险评估政策应由风险管理者在风险评估之前与风险评估者和所有其他相关各方协商确定。这一程序旨在确保风险评估系统、全面、无偏见和透明。第15条强调，风险管理者给予风险评估者的授权应当尽可能明确。第24条规定，风险评估应依据实际的暴露情况，考虑到风险评估政策确定的不同情形。风险评估应当考虑易感和高危人群。风险评估应酌情考虑急性、慢性（包括长期）、累计和/或叠加的不利健康影响。[2]尽管《工作原则》对风险管理和风险评估者之间责任、权力分离给予了较为清晰的界定，但仍然不是充分、有效的。这种责任界定与权力分离在实践中也未被恰当适用，因此需要建立一种制度来确保风险管理过程中风险评估政策问题得以恰当解决。

此外，专家机构的成员是以其作为科学家的个人身份而提出科学建议，他们并不代表任何机构或与任何机构相联系。然而，

---

[1] 国际食品法典委员会秘书处：《程序手册》2012年第21版，第88页。

[2] 国际食品法典委员会秘书处：《程序手册》2012年第21版，第85页。

实践中也存在专家机构或专家机构成员超出其作为科学家而提供咨询的权限，科学家在专家机构的独立性并不能得到充分的保证。

（四）其他国际组织在法典制定程序中的作用

其他国际组织在法典标准制定程序中也发挥一定作用。其他政府间国际组织以及非政府间组织都有权以观察员身份参与到标准制定程序中，部分国际标准制定组织在其职能范围内也承担一定的任务。食典委作为两个上级组织附属机构的特性，决定了其不具有与其他国际组织签订正式协定的权力。因此，在标准制定程序中与其他国际组织的合作是食典委与其他国际组织建立关系的重要工具。

如上文分析指出，建立联合食品标准计划的原因之一是协调其他政府间（非政府间）国际组织已经发起的工作。因此，食典委的任务，如其食典委《章程》第 1 条（b）中所界定的：促进国际政府与非政府组织所有食品标准工作的协调。食典委实施这一权力的方式是通过在标准制定程序中赋予其他国际组织一些任务。因此，食典委从其成立之初就已经依靠其他国际组织的工作（或者与其他国际组织合作）来制定法典标准。其他国际组织在法典标准制定程序中的任务包括在步骤 2 中准备拟议标准草案（该草案将在步骤 3 中提交给法典委员会），也包括为相关的标准内容提供建议或意见。

其他国际组织在法典标准制定程序中发挥作用的同时也存在一定问题，对其他国际组织分配的任务可能会削弱食典委作为负责机构的监督。[1] 事实上食典委对其他国际组织的监督是复杂、

---

〔1〕 Report of the 18th Session of the Codex Committee on General Principles, ALINORM 03/33A, 2003, para. 104. The report states that: "…Many other delegations supported these views and also drew attention to the importance of inclusiveness, openness and transparency in the process of elaboration of a proposed draft text and to the fact that the first drafting of a standard was of importance in terms of the source and manner of its preparation, its content and the orientation of further debates."

困难的，因为与法典的附属机构相比，这些国际组织仅在一定程度上受《程序手册》中内部规则（仅限于与其在食典委内的观察员地位相关的规则）的约束。此外，这些国际组织各自有不同的目的、不同类型的成员资格、不同的工作程序和不同的工作重点。下面的例子表明食典委很难有效地对其他国际组织予以监督。

食典委在法典标准制定程序中为其他国际组织分配任务不仅有临时性基础，也有制度性基础，例如在新鲜水果和蔬菜法典委员会的规定中表明要与欧洲经济委员会农业质量标准工作组进行合作。该委员会规定表明这一工作组可以提议启动一项世界范围的有关新鲜水果和蔬菜的法典标准，其可以准备拟议标准草案，可以应法典新鲜水果和蔬菜委员会的要求实施与新鲜水果和蔬菜相关的特定任务。这一工作组是联合国欧洲经济委员会（UN-ECE）的一个附属机构，该组织的目的不同于食典委，其集中关注欧洲地区的经济发展。此外，与食典委的成员资格不同，其成员仅限于联合国的欧洲成员、美国、加拿大、瑞士和爱尔兰。该组织有限的成员资格也是许多非成员国家拒绝将该组织拟议的标准草案在步骤3直接提交给法典委员会的主要原因。

另外一个例子是国际奶制品联盟（IDF），根据食典委《标准及相关文本制定程序》（以下简称《程序》），当制定牛奶及奶制品相关的法典措施时，国际奶制品联盟的建议由秘书处在步骤2中分发。虽然《程序》没有规定这种建议是何种类型的建议，但《程序》将国际奶制品联盟的建议与专家机构例如食品添加剂专家联合委员会和农药残留联席会议的建议规定在同一段落中表明国际奶制品联盟对法典标准的制定有重要影响力。例如，《食品法典及其他FAO和WHO食品标准工作的评估报告》中表明，在制定牛奶中黄曲霉素（aflatoxin M1）的最大残留量时，由国际奶制品联盟提议的最大残留水平可以成为没有向食品添加剂专家联合委员会要求科学建议的合理理由，提交给食品添加剂委员会的拟议最大残留量水平直接提交给食典委在步骤5进行批准。只有当两年后将标准提交步骤8通过时，意见分歧仍然没有解决，食品添加剂委员会才决定将最大残留量水平草案提交给食品添加剂专家联合委员会审查。国际奶制品联盟是一个由奶业工业组成的非政府组织，其目的在于给出科学和技术建议，同时在各种决策制定程序中代表奶业工业的利益。鉴于其地位和目标，其在标准制定程序中的功能会受到质疑，然而，食典委对其监督却有相当的困难。〔1〕

二、《国际食品法典》程序合法性问题

在WTO协定生效以前，食典委规范性权力受到接受程序的限制，法典标准的约束力源于成员方的明确同意。WTO协定生效后，法典不断增强的地位源于法典措施的通过，成员方的同意不再是必需的。法典成员意识到这一变化，认为WTO协定的生效导致标准制定程序的政治化，协商达成一致通过法典措施变得非常困难。〔2〕法典成员方都希望确保通过的法典标准能够完全的符合其各自的考量，尤其是当该成员已经在国家或地区层面采用了某种规范措施时，更加希望法典标准符合其考量，这样其不必对已经采取的措施作出任何修改。

---

〔1〕 国际奶制品联盟的这种重要地位源于其主持FAO/WHO联合奶及奶制品法典原则政府专家委员会（The joint FAO/WHO committee of government experts on the code of principles concerning milk and milk products），该委员会是奶及奶制品法典委员会的前身。该委员会不是食典委的一个附属机构，在法典体系内以一种自治的方式发挥功能，并有其自身的程序。1993年奶及奶制品法典委员会建立，取代了该委员会，不同的标准制定程序被统一为一个程序，然而，IDF仍然维持了其作用。

〔2〕 F. Veggeland and S. O. Borgen, "Negotiating International Food Standards: The World Trade Organization's Impact on the Codex Alimentarius Commission", *Governance: An International Journal of policy, Administration, and Institutions*, 18 (2005), pp. 675 ~ 708.

投票通过法典标准反映了法典标准制定程序中的合法性缺陷。例如，矿泉水标准修改案通过后，美国指出：这一决定是投票通过的，美国不支持食典委的决定，因为其拒绝食典委通过的标准中的几项规定。其他一些国家代表也表达了对这一决定通过方式的保留。在这个案例中，法典标准制定程序没有确保美国的利益反映在结果中，因此，美国不支持食典委的决定，或者通过保持沉默表示反对，或者通过标准内容表示。这反映了在标准制定程序中成员表达同意的可能性更加重要了。

法典标准制定程序中的合法性，主要涉及各个成员方是否有平等的权利和机会确保其利益得到考虑。影响法典标准制定程序合法性的主要因素有三个：协商一致的决策方式；参与度（参与法典标准制定程序的事实和法律上的可能性）；透明度（法典标准制定和决定程序的透明性）。

（一）协商一致决策方式面临的困难

协商一致决策可以分为两个阶段：一是，通过决策之前的协商阶段，也被称之为“构建协商一致”或“积极的协商一致”(consensus - building or active consensus)，二是，决策最后通过阶段，也被称之为“消极的协商一致”(passive consensus)。前一阶段的功能主要在于消除争议，构建一项各方都不反对的提议，这一阶段最大的问题在于决策过程的缓慢。由不同步骤构成的法典标准制定程序有助于各成员和观察员利益的表达，然而最主要的问题是这些步骤漫长、重复，耗时较长。后一阶段的功能主要在于最后通过各方都认可的决策即法典措施，这一阶段最大的问题在于促进决策通过的愿望与将所有法典成员利益考虑在内的需要之间的冲突。一方面，延迟通过最后决策来实现各国可接受的一致是以牺牲快速决策过程为代价的；另一方面，通过一项许多法典成员反对的措施可能有损于结果的合法性。

WTO 协定生效之前，食典委的通常做法是以协商一致的方式通过法典措施。这种协商一致决策的方式没有遭到成员方的批评是基于各国的一种认识，即所有的成员方应该避免阻碍决定的通过，各国是否遵守最后通过的法典措施是由各国通过接受程序决定的，而不是在法典标准制定程序中作出决定。委员会主席在通过法典措施这一过程中也发挥着重要的作用，当主席意识到大多数是同意意见而没有主要的反对意见时即可通过该措施。

WTO 协定生效之后，协商一致决策方式的实现面临诸多困难，其主要原因在于标准制定程序中表达的同意或反对对于成员来说变得越来越重要。1991 年、1995 年和 1997 年食典委会议上以投票方式通过了几项标准，这也促发了关于协商一致作为决策通过方式的新讨论。食典委投票通过方式中最有争议的是关于五种生长激素最大残留限量的投票，该案发生在 WTO 欧共体荷尔蒙案之前，由美国和加拿大提出投票通过，1991 年进行的投票失败，1995 年食典委第 21 次会议上，该问题再次被提出，这次投票程序导致以微弱多数通过了生长激素最大残留限量。此外，食典委第 22 次会议以投票方式通过了修改矿泉水标准。[1]

几项法典标准与其他相关文本以投票方式通过后，大量的法典成员表达了对这种投票通过方式的不满，食典委提出对《议事规则》进行修改，以此来强调协商一致通过决策的重要性，不鼓励投票通过这种决策方式。修改后的《议事规则》第 12 条规定：食典委应为通过或修正标准达成一致意见做出最大努力。只有当达成一致意见的努力不能奏效时，才可以投票方式决定标准是否

---

〔1〕 Report of the 22nd Session of the Joint FAO/WHO Codex Alimentarius Commission, Geneva, 23 ~ 28 June 1997, ALINORM 97/37, paras. 89 ~ 90 (33 votes in favour of the adoption, 31 against and 10 abstentions) .

通过或修正。[1]

《议事规则》第12条是法典标准制定程序中规范协商一致决策方式的主要规定。虽然该条规定再次强调协商一致通过重要决定如标准和指南的重要性，但该条仍规定了投票通过标准的可能性，同时该条中也存在诸多问题不利于协商一致的决策方式。

首先，该条缺乏“协商一致”的明确定义。食典委以前的报告中表明法典成员和主席对于决策程序中“协商一致”的含义存在着不同的理解。当法典成员以及主席对于“协商一致”含义存在不同看法而通过某项决定时会影响该决定的合法性。

其次，该条没有明确规定什么情形属于协商一致的努力不能奏效，什么情形属于食典委可以以投票方式通过。该条的修改也没有具体的规则规定哪些主体有权决定采取投票方式。原则上，《议事规则》第12条的规定允许法典成员提议进行投票。矿泉水标准修改案的投票程序表明，仅一个法典成员的简单提议就可启动投票程序。仅一个国家就可以作出投票决定，这种做法不利于协商一致通过决策，我们认为至少应该是一个国家提议之后由食典委作出是否投票通过某项法典措施的正式决定。

再次，该条规定当协商一致的努力失败时可以进行投票，投票程序本身也存在许多问题。如当投票通过某项标准时采用简单多数通过的方法，鉴于食典委的决策制定程序中特别强调协商一致的重要性，这种简单多数通过方法是否恰当是值得质疑的。食典委自身适用了一些替代方法，例如关于内部事项，如修改议程，采取了三分之二多数通过决定，投票程序采取不记名投票方式。如上述生长激素最大残留限量的通过就是通过不记名投票。对于一些敏感事项适用这种方式也是值得质疑的。当时的欧共体在

---

〔1〕 国际食品法典委员会：《程序手册》2012年第21版，第12页。

荷尔蒙案中认为这种方式不利于食典委增加其决策程序的透明度。

最后，《关于科学在法典决策过程中的作用及在何种程度上考虑其他因素的原则声明》（以下简称《原则声明》）鼓励成员不阻碍法典决定的通过，而允许成员通过接受程序自由决定是否接受该法典决定。如今接受程序已经被废除，但《原则声明》的此项规定仍然包含在《程序手册》中。因此，法典成员在最终决策时缺乏表达反对意思表示的方式。

（二）法典标准制定程序中参与度问题

法典标准制定程序的政治化倾向导致参与法典会议的成员国数量及成员国代表数量不断增加，非政府国际组织参与食品法典的数量也不断增加。WTO 协定的生效使参与法典会议并在法典标准制定程序中发挥影响越来越重要。《SPS 协定》和《TBT 协定》鼓励成员充分参与国际标准制定机构的活动。食典委自身也强调所有成员和利益方参与食品法典的重要性。然而，发展中国家和公共利益非政府间国际组织参与国际食品法典的活动面临诸多困难。

1. 发展中国家有效参与的障碍。作为政府间国际组织，食典委及其附属机构的法典标准制定程序对所有成员开放。任何粮农组织或世卫组织的成员都可以成为食典委的成员。所有法典成员享有参与标准制定程序每一步的法律上的平等权。虽然法律上的权利是平等的，然而，所有成员事实上参与程序的机会是否平等是值得探讨的。

食典委成立之初曾被称之为是“工业国家的俱乐部”，因为其成员主要是发达的工业国家。自从 20 世纪 70 年代以来，发展中国家逐渐成为成员中的大多数。尽管发展中国家的数量在增加，但发达国家的声音和影响力仍很强大，因为发达国家拥有多数食品安全相关的技术和管理专长，而这些都是发展中国家所缺乏的。现阶段仍然是大多数发展中国家将法典标准作为其国家规定、国家措施，因为法典标准被认为反映了现行科学知识、可以促进国际贸易自由化，而广大发达国家不愿意修改其已经实施的规定、措施去适应法典标准。

发展中国家有效参与食典委及法典制定活动的主要障碍有三种：发展中国家的国情；标准制定程序中影响发展中国家平等参与的障碍（也可以称之为公正参与原则的障碍）；标准制定程序中加剧发展中国家不利地位的因素。下面分别从这三个方面展开分析。

其一，发展中国家的国情主要是指大多数发展中国家缺乏经济、技术和人力资源，这导致其在标准制定程序中处于不利地位，也会导致所制定的国际标准不适合其国情。首先，缺乏经济财政资源阻碍了发展中国家代表实际参与食典委及法典委员会的各种会议。即使在参会的情形下，也缺乏能力充分发挥作用。例如，有些发展中国家缺乏可以实施的食品标准法律制度和法律框架；有些发展中国家的法律和制度总是落后于法典国际标准制定的速度。其次，发展中国家缺乏实施、执行国际食品标准的经验，也就是说发展中国家面临实施、执行难问题。发展中国家既没有充分配备的实验室和检疫设备来确保检验检疫合规性，也缺乏相应的专家与专业人士在国内层面实施风险评估。此外，发展中国家在收集、提供科学数据信息等方面也存在困难，这导致食典委通过的法典标准、最大残留量及其他法典措施与其国情不符，不能反映其国家急需解决的问题，最终导致发展中国家的生产经营者要符合这些国际标准非常困难。最后，发展中国家国内也存在政治性障碍，不能与其他国家政府机构、利益相关者之间开展有效的合作，当一项法典标准或措施涉及几个不同的法典委员会时，发展中国家很难形成自身明确的立场。

其二，法典标准制定程序中的公正参与原则旨在防止某些特定主体拥有某些特权待遇，例如防止在提交草案意见、考虑双方的意见和建议、获取信息和文件、国际标准文件的分发、文件费用的收取、国际标准转化为地区标准、国际标准的修订等步骤中某些主体拥有特权。鉴于政治和技术因素，对标准草案在制定程序的后期或者在最后通过阶段作出根本性和结构性改变是非常复杂和困难的，因此拟议标准草案对于最后通过的标准具有重要的影响。然而拟议草稿、草案、文件的准备、讨论等工作越来越多的在法典标准制定程序初始阶段就分配给法典成员承担。通常情形是，提交制定一项法典标准提案的成员就是起草拟议标准草案的成员，这也进一步加强了该成员的影响力。因此食典委建议标准草案由一个起草组来完成，由几个法典成员组成一个起草组，同时该起草组对所有成员开放。然而，实践中大多数标准草案和讨论稿仍然是由发达国家准备的，发达国家在标准草案的草拟中发挥主导作用，而非如食典委所建议的由发达国家和发展中国家联合准备。

其三，标准制定程序中另外一个加剧发展中国家不利地位、强化发达国家特权地位的因素是食典委框架下的法典委员会主持国制度。许多法典委员会由欧洲和北美的国家任主持国。发展中国家参加法典各种会议的费用较高，经济费用成为限制许多发展中国家参与法典会议的因素。除此之外，发展中国家对标准制定程序中的一些复杂事项，例如食典委复杂的制度体系和机构、各种促进协商一致的工作组、灵活的标准制定程序等缺乏系统深入的了解也成为阻碍其有效参与法典制定与决策的事实上的障碍。

2. 工业利益与公共利益非政府组织不平等的地位。理论上，工业利益和公共利益非政府组织具有参与法典制定程序的平等权利。然而，事实上不可否认的是对于法典决策制定程序前者比后者有更强的影响力，原因在于二者具有不同的背景。工业利益非政府组织，作为食品生产技术的主要推动者，拥有高水平的专业技术、技术专家和广泛的专业信息，拥有进行科学评估所必需的大量数据信息，促使其成为食典委标准制定程序中主要的数据提供者。FAO/WHO 联合专家机构进行风险评估时也会听取其意见。毫无疑问，作为技术推动者和数据提供者使其在法典标准制定程序中处于较为有利的位置。此外，工业性非政府国际组织有充足的财政实力参与相关法典委员会的会议并游说维护其利益。

正是基于工业利益集团上述专业技术、财政经济等方面的优势使其在法典标准制定程序中具有较强的影响力，甚至 FAO/WHO 专家机构的科学评估也受到或可能受到工业利益非政府国际组织的过渡影响。无论是事实上还是法律上对工业利益非政府间国际组织观察员赋予了一些特权。[1] 赋了这些非政府工业组织的特权往往是以牺牲发展中成员国的利益为代价，尤其是当二者存在利益冲突时。投票权仅仅赋予法典成员也是源于食典委的政府间国际组织特征。然而，在协商一致通过决定的决策过程中，这一权利往往被忽略而其他权利得到强调，如在通过法典措施之前的参与讨论的权利。具有技术性特征的法典委员会中非政府间国际组织观察员具有较大的影响力，非政府间国际组织（往往是工业利益组织）被邀请在法典成员之后发言（这是一项非正式规则）。当遇到讨论陷入僵局的情形，法典委员会主席往往呼吁非政府间国际组织（主要也是工业利益组织）提出新提议来推进讨论。非政府组织的报告表明其也有发起一项新工作提议的权

〔1〕 食典委作为政府间国际组织表明其决策权利是由各成员国政府代表来行使的。只有国家才能成为食典委的成员国也表明了其政府间特征。然而，食典委框架下对于法典成员的参与权与非政府间国际组织作为观察员的参与权没有明确的区分，这会影响食典委的政府间国际组织的特征及其决策程序。

利，[1]例如在牛奶及奶制品法典委员会第6次会议上国际奶制品联盟就提出了这样的提议。此外，作为观察员的非政府国际组织也有权利表达其意见并提交其书面观点。食典委和法典委员会的报告表明工业利益非政府组织经常为拟议标准草案准备讨论稿，积极地参与到标准制定程序的初始阶段。[2]鉴于标准草案在整个标准制定程序中的重要性，我们可以认为，虽然工业利益非政府组织只具有观察员地位，但事实上其对整个标准决策制定程序的影响在某些情形下超过了发展中法典成员。

相比较，公共利益非政府组织缺乏积极参与法典标准制定程序的专业知识和专业技术人员，也缺乏足够的财政实力参与各种法典委员会会议并游说其利益。因此在食典委中不管是作为国家代表还是作为观察员，工业利益非政府组织的数量远远超过公共利益非政府组织。

（三）法典标准制定程序中透明度问题

分析法典标准制定程序的合法性时，透明度是一个非常重要的因素。透明度有利于各成员方获得充分信息并作出选择、影响决策程序并维护自身利益，也有利于成员方管控标准制定程序，例如，当出现不正确的适用程序规则时，成员方可以作出回应、及时指出。当法典成员采取的措施面临WTO专家组和上诉机构质疑时，透明度有利于法典成员提出论点，也有利于专家组审查分析这些论点是否合理。各国参与食典委工作时只有各国派出的代表可以代表该国家，因此透明度可以增强没有作为国家代表的组织和个人的知情权，增加其对法典决策制定程序的了解。

---

〔1〕发起标准制定程序的权利没有在《程序手册》中明确规定，既没有规定在法典成员的权利中，也没有规定在《非政府组织参与原则》中。

〔2〕国际奶制品联盟在标准制定程序中被赋予一项重要作用，因为其提供的建议在制定牛奶及奶制品标准程序步骤2中必须予以考虑。

虽然自20世纪90年代以来，食典委及其秘书处采取了许多步骤来增强法典制定的透明度、增加公众对法典文件和程序的参与，例如将法典相关文件和信息在官网上进行公布等。但实践中影响透明度的主要问题是这些程序和文件的复杂性和不易理解性。

文中讨论的透明度的概念比公开性要广泛些，包括简化性和易理解性。法典标准制定程序中的透明度既包括一般的标准制定程序的透明度，也包括特定的决策过程的透明度；既包括标准制定程序及其规则自身的明确、清晰、易懂，也包括所有与决策相关的重要信息都被决策者予以考虑，如会议文件和报告可以及时获取、所获取文件报告具有完整性以及通过准确翻译确保文件报告的易理解性。下文针对以上方面分别阐述。

法典标准制定程序是一个灵活、复杂、涉及多种主体参与的"八步二读"程序，这种程序设计有利于促进协商一致。法典标准制定程序的复杂性源于程序中涉及多种附属机构、多轮讨论，每一轮讨论中都可能将拟议草案退回之前的步骤中。上文所阐述的协商一致通过决定的程序并没有实现完全透明，这是因为在正式达成协商一致前进行的谈判讨论具有私人性质，导致会议报告的观点与论点不完整。在这些前期的谈判中可以随时达成协商一致，然而在"八步二读"程序中没有具体明确的标准规定在哪一具体步骤中可以达成一致。这些都不利于标准制定程序的透明度，也不利于对标准制定程序的管控。

食典委《程序手册》的导论部分指出："食典委的《程序手册》旨在帮助法典成员政府有效的参与FAO/WHO联合食品标准计划的工作。"[1] 为了促进法典成员的有效参与，一方面需要法

〔1〕 国际食品法典委员会秘书处：《程序手册》2012年第21版，第1页。

典成员对食典委内部规则充分了解、掌握，另一方面也需要内部规则本身具有明确易懂性。《程序手册》是食典委多年来有关内部程序规则、概念、定义的实践与协定的临时汇编，有些规定本身不明确、不清晰，有些规定缺乏内在一致性，有些规定不完整，有些规定已经过时。[1] 例如，规范商品委员会和综合委员会关系的规定并不能反映委员会内部关系的整体结构。食典委的附属机构即各个法典委员会的工作程序不完全是书面的，而且各个法典委员会根据自身情况而有所不同，这些都不利于法典制定程序的透明度。

法典标准制定程序中食典委会将一些工作交给外部机构承担，例如 FAO/WHO 联合专家机构、相关的非政府间国际组织等，这会导致这些工作没有对法典成员完全开放。专家机构的透明度是一个值得探讨的问题，许多学者认为专家机构缺乏一定的透明度。如上文所述，风险评估者和风险管理者的责任没有清晰的界定，虽然这一问题通过《工作原则》得到一定程度解决，如《工作原则》要求风险分析的三个要素（风险评估、风险管理和风险交流）必须以透明的方式系统的、充分的记录，风险评估应该记录任何不确定性、假设以及其对风险评估的影响，应该记录少数人的意见和观点。法典标准制定程序中食典委也会将部分准备文件、草拟草案的工作交给的相关的国际组织，对其透明度的

---

〔1〕 2005 年食典委会议上对《程序手册》进行重要的修改，如废除了接受程序（包括对食典委《章程》的修改），修改《议事规则》扩大执行委员会的成员数。但是不同的修改生效的时间是不同的。对于食典委《章程》的修改需要获得世界卫生大会和联合国粮农组织大会的批准，而对《议事规则》的修改只需获得世界卫生组织和联合国粮农组织总干事的批准。对于《程序手册》中其他文件的修改以及新增加一些文件只需食典委批准。然而在两次食典委大会期间仅出版公布一次《程序手册》，这就导致大多数《程序手册》修改生效后 6 个月后，其官方网站上仍然是未修改之前的版本。这也不利于增加食典委文本、报告的清晰性。

要求是不同的。这些国际组织的会议尽管不是封闭式的，但不是所有的法典成员都有机会参加。例如国际奶制品联盟仅对奶制品工业及半政府性机构代表开放。联合国欧洲经济委员会也是有限的成员资格，仅对欧洲国家开放。这些国际组织的透明度受到质疑是因为其基于自身的政治利益而准备相关文件草案、提出建议和报告。[1] 食典委《程序手册》规定所有的法典委员会应该将所有文件、拟议草案、讨论稿及工作文件等在会议召开前两个月内分发给法典成员和相关的法典观察员。然而，实践中有些情形下，这些文件并没有被分发或者分发的比较晚。每年有大量的法典委员会会议，食典委会议和法典委员会会议之间的间隔时间比较短，这使在法典委员会开会前两个月内分发所有相关文件资料比较困难。因此出现一些法典成员或观察员的书面意见在开会前并没有送达其他成员和观察国的情形，在法典委员会开会前留给法典成员提出建议、反映问题的时间不多。此外，文件资料分发的不及时也导致成员国代表不能及时在国内层面咨询相关利益组织，影响其有效参与法典的制定。

法典成员能否获得经准确翻译的法典文件也是一个问题，尤

---

〔1〕 另外一个不是对所有法典成员开放的机构是食典委的执行委员会，尽管执行委员会不是外部机构，属于食典委的附属机构，有关其透明度的争论与探讨也有必要做一些解释。2004 年以前，执行委员会具有批准新工作和第 5 步骤中通过拟议草案的权力，因此其会议仅限于有限的成员资格经常受到质疑。有学者提出增加非执行委员会成员的法典成员和非政府国际组织作为执行委员会的观察员，这些提议最终被否定。2004 年，基于 FAO/WHO 食品标准计划评估的结果，食典委对执行委员会的职能进行了修改，赋予执行委员会一些新任务，同时也取消了一些职能。通过修改《法典标准及相关文本制定程序》，执行委员会不再享有批准新工作和第 5 步骤中通过拟议草案的权力，其职能缩减为一个建议性的机构，因此有关其会议的透明度与合法性的质疑也相应减少了。《法典委员会一般原则》没有将执行委员会的会议开放给所有的法典成员和观察员，相反，其选择了其他方法来增加透明度，例如在网站上公布会议信息等。

其是对于大量的英语非母语的发展中国家，实践中遇到的问题是翻译文件欠缺准确性以及翻译文件分发的时间比较晚。许多法典成员要求提供粮农组织工作语言（阿拉伯文、中文、英语，法语和西班牙语）所有版本的文件。因为食典委资源的有限，许多文件、报告等仍仅有英文版本。许多法典委员会、执行委员会及其他机构的文件也都是英文版本。翻译文件的准确性与分发的及时性直接影响到法典成员获得信息的准确性与及时性，影响到法典标准制定程序的透明度。

三、《国际食品法典》实质合法性问题

食品法典的价值和利益体现在其目的宗旨中即保障消费者健康和确保食品贸易公平实践。[1] 因此食品法典规则的实质合法性主要是基于其是否与这些目的宗旨相符合来判断。此外，探讨食品法典的实质合法性也是为了证明在各国国家措施以外现存的法典措施的合理性。换句话说，探讨食品法典的实质合法性也是在探讨在国际层面的规范性干预是否必要，国内层面的规范是否更有效的问题。如上文所述，制定法典措施作为国际标准的主要原因是融合、统一各国食品要求从而促进国际食品贸易。然而，一些发达国家的利益集团和组织认为 WTO 协定对法典措施的实施可能会造成各国食品标准降低。[2]因此，食品标准的融合统一会牺牲各国国内层面消费者健康保护和公平贸易实践。这反映了与法典标准合法性相关的一个重要因素即法典标准融合统一的范围（the scope of harmonization），食典委的任务是找到一个良好的平衡。

---

〔1〕 国际食品法典委员会秘书处：《程序手册》2012 年第 21 版，第 3 页。

〔2〕 L. Rosman, "Public participation in international pesticide regulation: when the Codex Commission decides, who will listen?", *Virginia Environmental Law Journal*, 12 (1993), p. 343.

如上文所述，法典成员有不同的国情，而法典措施的内容尤其是法典标准的内容是非常详细、细致的，没有留给法典成员一定的选择余地以应对各国的国情。食品法典中最主要的灵活性规范是在接受程序中，但是接受程序已经被废除。食品法典面临的问题是是否应该在其法典标准中加入更多的灵活性规范来适应各国国情的不同，或者这种灵活性成为 WTO 协定的一部分而接受司法裁决。

尽管以上问题在 FAO/WHO 对食典委及其附属机构的评估中没有得到明确的解决，但我们可以发现食典委的一个发展趋势是使用其他方法来应对法典成员国情的多样性。例如，当通过了一个最后文本，会议报告中或最后文本的注释部分包含一个或几个成员作出保留的声明（在《法典委员会和特设工作组的准则》中包含了对法典标准予以保留的可能性）。报告中包含保留的这种方法没有触及标准规定本身非常详尽的特征，也没有提供更多的灵活性，这似乎仅是促进协商一致的一种工具，同时为法典成员提供了一种表达反对意见的替代方法。

当食典委或法典委员会认识到法典成员的特殊情形而国际标准可能不适合该法典成员时，处理方法是在法典标准本身中增加一条灵活性规定。例如食典委第 26 次会议上通过的橄榄油和橄榄果渣油的修改标准，该会议同意通过该修改标准只要其中包含一个注释表明“有待国际橄榄油理事会的调查和油脂委员会的进一步考虑”。因为要确定橄榄油（尤其是那些来自新西兰的橄榄油）中亚麻酸的含量达到何种水平才能被称之为高质量的橄榄油，需要获得更多的自然和地理信息，因此，在标准中包含注释的方法是对这一事实的回应。[1]

---

〔1〕 Report of the 26th Session of the Codex Alimentarius Commission, Rome, July 2003, ALINORM 03/41, para. 83.

第三节 完善《国际食品法典》促进国际食品安全公共治理的对策

一、确保国际食品法典委员会制度合法性的对策

（一）加强国际食品法典委员会的法律地位

上文指出，食典委及其上级组织的章程中都没有规定赋予其有权制定一经通过即具有约束力的规范。虽然实践中食典委规范性权能的合法性并没有受到质疑，而且在 WTO 协定生效后，食典委的地位不断提高，法典标准获得了事实上的约束力，但是仅仅凭借《SPS 协定》和《TBT 协定》对法典措施的引用来确保食典委地位的长期合法性仍然缺乏坚实的基础。食典委地位的加强有赖于 WTO 相关机构（主要是争端解决机构和 SPS 委员会）的承认与认可。[1]

食典委缺乏 WTO 相关机构例如上诉机构及 SPS 委员会对法

---

〔1〕 在处理 WTO 和食典委关系中有两类 WTO 机构具有特殊地位、对食典委的运作产生重要影。第一类是 WTO 的专家组和上诉机构，作为适用法典措施争端的裁决机构；第二类是 SPS 委员会，作为促进国际统一及国际标准适用的经常性咨询机构。作为适用法典措施争端的裁决机构，专家组和上诉机构必须解释和适用这些措施。然而，《关于争端解决规则与程序的谅解》中的规范以及专家组和上诉机构的实践表明存在以下问题：①争端解决机制内部没有一种司法审查，审查法典措施的通过是否符合食典委内部标准制定程序；②对法典措施进行解释时，既没有明确是否可以适用《维也纳条约法公约》中的条约解释规则，也无权咨询 WTO 以外的机构（outside source）。因此当专家组和上诉机构对法典措施进行解释时，如果既没有适用条约解释的一般原则，也没有咨询食典委及其秘书处等 WTO 外部机构，这种解释很可能与法典措施最初的意义、目的、宗旨与职能不符。除了争端解决机构，另外一个促进法典标准适用的机构是 SPS 委员会。SPS 委员会对于 WTO 和食典委的关系也有一定的影响。SPS 委员会作为促进国际统一及国际标准适用的经常性咨询机构与食典委的职权部分重叠。《SPS 协定》规定了国际机构间的合作，但是关于 SPS 委员会与食典委之间的合作结构没有作出具体规定。

典措施不断增强的地位的承认。上诉机构拒绝承认法典标准具有约束力的特征，却没有明确界定法典措施在《SPS 协定》和《TBT 协定》下的地位。如上文所述，这两个协定对协定中相关规定的适用是非常严格的，对争议措施合理性的证明也是以法典标准及其科学基础为衡量依据的，因此，这导致法典标准的部分要素具有事实上的约束力。然而，WTO 上诉机构没有明确承认这种地位导致法律的不确定性。此外，WTO 争端解决机制中专家组和上诉机构没有适用《维也纳条约法公约》中的条约解释原则来解释法典措施，这可能导致其对法典措施的解释与法典措施最初的含义不符，从而进一步增加了法律的不确定性。要消除这种法律不确定性、确保食典委不断增强的法律地位得到 WTO 相关机构的明确承认并非易事，较好的一个解决方法是由部长会议对 WTO 相关规定进行权威解释。这种解决方法是一个复杂的过程，不可能一蹴而就，因为部长会议不是经常召开而且该问题具有相关的复杂性，因此通过这种权威性解释需要花费较长的时间。除此之外，还可以通过其他方法，虽然没有上述方法有权威性，但有助于消除法律的不确定性，例如，当争端解决机制中提出这些问题时，将其提交给 SPS 委员会和 TBT 委员会讨论决定。

为了增强食典委的地位，也有学者提出的对策是改变食典委作为两个上级组织附属机构的地位，将其升级为一个独立的国际组织。[1]我们认为，食典委作为一个附属机构面临的最大问题是其在财政上和行政上依赖于上级组织、不具有与其他国际组织签订协定的权力、修改《章程》和《议事规则》需要获得其上级组织的同意。然而，除了上述提到的问题，事实上食典委在其运

---

〔1〕 Marielle D. Masson – Matthee, *the Codex Alimentarius Commission and its Standards*, T. M. C. Asser Press, 2005, p. 283.

作、职能发挥中很少受到其上级组织的限制。经过多年的发展实践，食典委建立了一套自身的组织制度、程序框架使其以一种相当自治的方式运作与发挥作用。在某种程度上食典委作为上级组织附属机构的地位也带来一些好处，例如，其与两个上级组织的联系使得其获得许多相关领域的专业资源与专家资源，有利于其更好地发挥职能。这种附属机构的地位也使得食典委与FAO/WHO联合专家机构有重要、密切的联系，并且二者基于风险管理者与风险评估者的关系而保持着一种分权关系。综合分析，食典委作为两个上级组织附属机构利大于弊，因此现在还没有必要提出将食典委转变为一个独立的国际组织。

（二）加强对法典委员会的监督与协调

首先，食典委利用法典标准制定程序中的“二读”程序监督指导法典委员会的工作。法典标准制定程序中的“二读”程序结构可以使食典委监督、控制与协调法典委员会进行的工作。例如，通过标准制定程序中步骤1（制定程序的开始）、步骤5（拟议标准草案提交通过）和步骤8（标准措施提交最后通过）可以纠正、指导、协调法典委员会的工作。

其次，食典委及执行委员会有效利用《确定工作重点的标准》、《中期计划》来监督法典委员会启动新工作提议的工作。

1969年食典委通过了《确定工作重点的标准》，法典委员会在发起新工作时必须考虑这一标准。然而《确定工作重点的标准》的规定仅适用于商品标准的发起工作。1993年，执行委员会强调为了指导法典委员会的工作与食典委的中长期计划相符合需要建立总的标准。1997年修改后的《确定工作重点的标准》除了包含已经通过的商品标准列表外，还包含了适用于一般主题的列表。此外，修改后的《确定工作重点的标准》表明法典委员会在发起新工作时也应该考虑食典委的《中期计划》及其他战略性项目。然而，食典委及执行委员在适用、实施该《确定工作重点的标准》与《中期计划》中存在着问题，例如，食典委和执行委员会（2004 年以前执行委员会有此项职能）在批准提议的新工作时没有充分考量《确定工作重点的标准》的两个列表及《中期计划》，也没做任何评论，这在一定程度上削弱了《确定工作重点的标准》及《中期计划》的有效性。因此，食典委和执行委员会在批准提议的新工作时应该充分、有效考量《确定工作重点的标准》及《中期计划》，对需要制定的标准、文件的范围或标题进行评论，充分考量新工作是否属于食典委的权限，提议是否与中期计划相符合，在成员国中是否存在推进提议的工作提案，负责制定标准草案的法典委员会的工作量是否合适，与其他国际组织合作的必要性等。总之，《确定工作重点的标准》及《中期计划》应该成为食典委论证拒绝或批准新工作提议合理性的有效尺度，且这种合理性的论证要详细记录。

此外，WTO 框架下 SPS 委员会对国际标准制定机构标准制定过程发挥一定的监督作用，SPS 委员会可以要求从法典秘书处获得关于启动新工作、制定新标准的信息。因此，食典委可以加强与 SPS 委员会的交流，共同对法典委员会启动新工作进行监督，同时强化食典委在 WTO 框架下的合法性。

再次，明确界定法典委员会之间的关系。在法典委员会之间进行横向和纵向的明确分工将会减少委员会之间的重叠，消除法典委员会之间的不协调，有效地利用有限的资源。

食典委《程序手册》中《商品委员会和综合主题委员会的关系》仅规范了商品法典委员会和一般主题委员会之间的关系，这一文件表明了商品委员会只有将标准草案转给综合委员会的义务，同时具体规定了这一行为发生在标准制定程序中的准确步骤。例如，一个商品标准草案中食品添加剂部分，在标准被推进到第5步后或者在第7步委员会考虑之前，任何拟议的标准须获得食品添加剂委员会的同意。然而，《程序手册》中没有规定综合主题委员会之间的关系。委员会会议的报告表明综合委员会之间的关系或者规定在内部文件中，或者由非正式实践指导（例如委员会主席的非正式会面），或者由食典委或执行委员会通过使用标准制定程序将标准草案退回到前一步骤来协调，这些方法都不是一种制度性或系统性的方法。综合委员会之间责任的划分越来越重要，《程序手册》中应该作出明确的统领性规定以成为食典委管理和协调委员会之间关系的标准。

最后，利用执行委员会的新职能监督法典委员会的工作。2004年粮农组织和世卫组织联合对食典委的评估导致在食典委《程序手册》中作出了一些根本性的改变。执行委员会不再具有批准决定新工作提议及将拟议标准草案推进到步骤6的权力。同时，执行委员会获得了一些新职能，即对新工作提议执行严格审查、并向食典委提出建议。

执行委员会进行新工作提议严格审查时，应认真考虑《确定工作重点的标准》以及食典委的战略性计划。执行委员会证明新工作提议合理性需要详细的相关信息，《制定程序》第2部分第1条表明，每一个提议必须伴有一份项目计划文件，该项目计划文件必须包含一项标准评估，一份关于该提议与法典战略性目标的相关性说明及关于该项目计划与其他现存法典文件之间关系的说明。如果新工作属于几个委员会的权限范围，执行委员会可建议建立临时性跨委员会工作组来协调委员会之间的工作。制定法典标准进程中，执行委员会可以根据时间进度，提议将某项任务由最初授予的委员会转给另外一个委员会承担。

此外，可以将法典委员会主席会议以正式的形式固定下来，使其不仅成为委员会间的讨论、磋商场所，也成为食典委及执行委员会监督、指导委员会工作的工具，对委员会相互间关系的监督与协调发挥积极的促进作用。[1]

（三）确保科学专家机构风险评估的科学完整性

为了确保风险评估的科学完整性，专家机构与食典委及其附属机构之间的关系是一种职能分离关系。专家机构的职能是风险评估者，食典委及其附属机构的职能是风险管理者。《工作原则》第9条规定："风险评估和风险管理应在职能上分离，确保风险评估的科学完整性，避免混淆风险评估者和风险管理者的职能，减少利益冲突。然而，风险分析是一个反复过程，风险管理者和风险评估者之间的互动对实际应用是必不可少的。"[2]

为了确保风险评估的科学完整性，专家机构的成员是以其作为科学家的个人身份而给出建议，他们并不代表任何机构或与任何机构相联系。如上文提到，FAO/WHO联合专家机构的专家成员以专家成员或咨询者身份为食典委及其附属机构而做的工作没有相应的经济报酬，只有其差旅费可以得到补偿。专家经常受雇于或与某个国家管理或科学机构有一定的财政关系，但是在FAO/WHO联合专家机构或咨询机构的框架下，其不是作为该机构的代表，而是作为独立的科学专家。因为任何利益冲突都可能损害专家机构提出建议的科学完整性。

1999年以前专家机构的科学完整性几乎没有受到质疑，也没有阻止利益冲突的规则，仅要求提供咨询的专家签署一份职业道德声明，承诺其获得的信息不会用于其他目的。2000年时出现的情况是烟草行业可以渗透到农药残留联席会议对EBDC农药（这种农药用于烟草植物的种植）的科学评估中。世卫组织总干事召

---

〔1〕 Marielle D. Masson – Matthee, *The Codex Alimentarius Commission and its Standards*, T. M. C. Asser Press, 2005, p. 217.

〔2〕 国际食品法典委员会秘书处：《程序手册》2012年第21版，第83页。

集了一次专家会议来评估烟草公司的文件（该文件在美国因针对烟草行业的法律诉讼已经公开），开展此次评估的原因是一份内部报告提供证据表明烟草公司努力阻止一项公共健康政策的实施，并努力减少在联合国组织内的烟草控制资金。专家会议的报告揭露了烟草工业资助了一位科学专家的工作，而该专家对农药残留联席会议的结论有重要影响。专家会议的报告对 WHO 重新设置专家的选择也有重要影响。针对烟草工业的这份报告直接的后果是由粮农组织和世卫组织发起了修改选择农药残留联席会议专家的程序，同时为避免任何潜在的利益冲突要求所有的专家签署一份利益声明。虽然这种利益声明是确保专家的独立性与公正性的一个重要工具，然而“利益”的含义如何界定没有具体明确的规定。实践中专家将“利益”的含义限制于财政利益、经济利益，专家的这种解释过于狭窄可能导致不完整、不完全的利益声明，因为可能存在其他的利益冲突而没有被包含入内。因此，粮农组织和世卫组织应该对“利益”作出明确的规定，使其具有可操作性，可以在实践中被恰当地适用。同时粮农组织和世卫组织还应该针对已经声明了的“利益”如何处理作出进一步规定。

为了确保风险评估的科学完整性，也需要规范科学专家与赞助者（科学数据的提供者，通常是农药、兽药的生产者）间的互动。所有信息交流和函件的复印件都需要提交给秘书处，明确禁止咨询专家将工作文件的草稿提交给赞助者，为了避免相互影响和直接接触，工作文件草稿由联合秘书处提交给赞助者，赞助者不能与咨询专家直接接触，除非通知其他的信息，鼓励科学专家向世卫组织联合秘书处报告任何来自工业的压力及任何规则的滥用。确保科学专业完整性的类似规定也应包含在其他世卫组织核心小组和粮农组织专家小组的工作指南中。

虽然《工作原则》明确了专家机构与食典委之间基于风险评估者与风险管理者的职权分离关系，但是如何解决法典标准制定中风险评估政策制定问题仍然需要在法典委员会和专家机构之间建立更加直接更加积极的互动。例如，可以将被咨询的专家机构提出的初步报告提交给法典委员会，使双方可以在法典委员会和专家机构联合会议上开展充分的讨论。

（四）加强对其他国际组织的监督

在法典标准制定程序中食典委为相关国际组织分配了一定的任务，食典委需要与这些国际组织合作，然而鉴于这些国际组织独立于食典委之外，具有各自不同的目的与宗旨、不同的成员资格、不同的运作方式与程序等，食典委对其执行任务的情形进行有效监督是非常复杂与困难的。

2005年食典委第28次会议过了《食品法典委员会与国际政府间组织在制定标准和相关文本方面的合作准则》（以下简称《合作准则》），这些指南不适用于国际非政府组织，例如国际奶制品联盟。《合作准则》区分了两类合作：食品法典标准或相关文本最初起草阶段的合作；通过交流信息和参加会议进行的合作。[1] 第一种类型的合作也暗含着对国际组织分配任务。《合作准则》第7条规定表明，[2] 食典委或其一个附属机构可以将草

---

[1] 国际食品法典委员会秘书处：《程序手册》2012年第21版，第151页。

[2] 《食品法典委员会与国际政府间组织在制定标准和相关文本方面的合作准则》第7条规定：食典委或经其批准的食典委某个附属机构，在考虑到执行委员会进行的严格审查之后，可酌情在逐例考虑的基础上，委托在相关领域有能力的一个国际政府间组织，尤其是在世贸组织《实施卫生与植物卫生措施协定》（世卫组织/SPS协定）附件A中提到的组织，初步起草拟议标准或相关文本的草案，但须确定该合作组织愿意承担这项工作。这类文本应按照《食品法典标准及相关文本统一制定程序》（以下简称《制定程序》）步骤3的规定进行分发。应酌情让世卫组织/SPS协定附件A中提到的国际政府间组织按照《制定程序》步骤2的规定参与标准或相关文本的起草工作。食典委应把其余的步骤委托给《制定程序》内的相关食典委附属机构。

拟一项提议的标准草案的任务分配给一个政府间国际组织，其明确的援引了《SPS 协定》附件 A 中提到的国际组织即世界动物卫生组织（OIE）及国际植物保护组织（IPPC），并要求这些国际组织遵循与食典委同样的成员资格原则（意味着对所有成员及粮农组织和世卫组织的附属成员开放）。

《合作准则》的通过的确可以规范食典委与相关国际组织之间的合作，同时也加强了食典委对相关国际组织的监督。但是该《合作准则》的适用仍然存在一些问题，例如，这些准则如何对联合国欧洲经济委员会工作小组以及国际奶制品联盟适用，因为前者是一个政府间国际组织，但其不符合相同的成员资格原则，后者不是一个政府间国际组织，因此，对这两个国际组织的引用或援引，似乎与通过的《合作准则》有矛盾有冲突，从而限制了食典委对相关国际组织的有效监督。鉴于国际奶制品联盟的作用以及联合国欧洲经济委员会的有限成员资格，《合作准则》如何适用、是否需要一种明确的引用或援引等问题应该成为食典委今后工作与关注的重点。此外，《合作准则》中应该明确具体的规定相关国际组织向食典委及附属机构提交拟议标准草案地标准，此标准可以作为食典委及其附属机构衡量国际组织任务的执行或实施情况的工具，以此加强食典委对相关国际组织的监督。

二、确保《国际食品法典》程序合法性的对策

（一）促进协商一致通过标准的决策方式

首先，完善“二读”程序促进协商一致。食典委保障其合法性、促进协商一致决策方式的一个强有力的工具是法典标准制定的“八步二读”程序。通过这一工具一方面可以使食典委监督、协调分配给其他机构（法典附属机构、专家机构和其他国际组织）的任务，另一方面也极大地促进了协商一致的达成。然而，

法典标准制定程序现有规定的不足在于食典委内部规则没有区分“一读”与“二读”这两个不同的过程。为了更好地促进达成协商一致，“二读”程序应该明确清晰的加以区分，换句话说，“一读”过程（第3步至第5步）与“二读”过程（第6步至第8步）中集中讨论的事项应该明确加以区分。“一读”过程主要实现的目的是对于标准的基本要素达成协商一致，例如关于标准的必要性、标准的名称和范围、专家机构科学建议的界定和完成、风险评估的选择等。这意味着，如果对这些事项没有达成协商一致，拟议标准草案就不能推进到第5步之后，而如果拟议标准草案已经推进到第6步，以上这些事项就不应该再开展讨论。“二读”过程讨论的应该是非基本性事项。为了确保区分“一读”、“二读”的方法被制度性地固定下来，也为了确保标准制定程序的透明度，建议制定区分标准并包含在《程序手册》中，对不同法典委员会工作之间的协调也应该采取类似的方法。如果一项拟议标准草案中某些基本性事项需要其他委员会考虑，就应该在“一读”过程中第3步提交给该委员会探讨，除非涉及非常细微的修改，可以在“二读”过程中第6步提交给相关委员会。

其次，加强法典标准制定程序的程序管理。食品法典标准制定程序八步骤中允许食典委两次介入标准草案的制定过程，即步骤5（拟议标准草案的通过或拒绝）和步骤8（标准草案作为法典措施的通过或拒绝）。这种灵活的程序可以使食典委将一项拟议标准草案或标准草案不限次数的退回到之前的任何一个步骤中。例如，在食典委层面没有达成一致时，可以将草案标准或相关文本退回到步骤6中要求负责的法典委员会重新考虑。这种机制为食典委提供了确保标准制定程序中所有法典成员的利益都被考虑、确保标准草案制定进程的工具。一般认为，某项标准在程序中推进的步骤越多，对于基本问题或新问题讨论的限制就越多。例如，在制定程序的第1步骤中所有的讨论都是开放的，欢迎所有相关方提出新的问题、提议和反对意见，而当推进到制定程序后面的步骤时则包含的新问题、新提议或反对意见越少，更多的努力集中在达成一个折中的、一致的文本。

食典委通过标准制定八步骤的程序管理可以促进协商一致的构建。在程序管理过程中非常重要的一点是需要明确食典委将某一标准草案推进到下一步的标准，也即食典委适用何种标准来决定是否将某一标准草案推进到下一步或返回到上一步中。《制定程序》中关于这种标准的规定仅限于步骤8，即在法典措施最后通过前，对草案进行修改的规定，在步骤8中只能作出编辑性的修改，如果是实质性的修改必须返回到上一步骤中而不能提交最后通过。《制定程序》中没有对食典委在步骤5中作出决定的考量因素与标准作出规定，也没有清晰的区分“一读”和“二读”的不同。食典委的实践表明，委员会适用了非正式的标准决定是否将一项草案措施推进到步骤5之后。一般而言，只有当标准草案就某些重要的、基本的事项缺乏协商一致时才会退回到步骤5之前。例如，如果就标准或相关文本的实际需要、拟议标准草案的基本规定、范围和必要的定义等缺乏协商一致，食典委会决定将标准或相关文本草案返回到步骤3中。如果缺乏完整的科学评估，食典委会作出决定将拟议草案停留在步骤5，或者返回到步骤3中。[1]尽管食典委有上述实践，但因为缺乏明确的规定经常导致不一致的做法。例如，有些实践中因为缺乏对细小方面的协商一致也成为食典委将其退回到步骤3的理由。

综上所述，在标准制定八步骤程序中缺乏明确的标准，一方面会导致对协商一致构建程序的监督与管理具有任意性、缺乏透

---

〔1〕 Marielle D. Masson - Matthee, *the Codex Alimentarius Commission and its Standards*, T. M. C. Asser Press, 2005, pp. 279 ~281.

明度。另一方面也使得食典委决策程序的合法性很难被其他机构予以评估，而只能依赖法典成员自身来确保程序的合法性和平衡性。因此在《制定程序》中有必要明确规定食典委决定将某项标准草案推进到下一步或退回到上一步的标准，从而避免食典委就同一问题、同一事项作出不同的决定。这种明确的标准将有助于食典委对法典标准制定程序的监督与管理，最终有利于协商一致决策方式的实现。

在监督法典标准制定程序、促进协商一致决策方式的过程中还应该发挥执行委员会对标准制定程序的监督职能。2004 年 FAO/WHO 联合评估的结果导致食典委规则的一些修改，其中一个重要的修改是赋予执行委员会新的职能。执行委员会可以作为各机构行使权利的监督者和法典标准制定程序进程的管理者，这些职能使执行委员会作为食典委的一个咨询机构有助于法典标准的制定。执行委员会监督标准制定过程是指执行委员会可以审查标准制定的状态，即标准制定的进程是否与发起程序时的时间表相一致，执行委员会可以提出矫正的提议，如延长时间表，或删除某些工作，或者提议其他的法典委员会来承担部分工作等。

此外，执行委员会还可以审查拟议标准与《程序手册》的一致性及法典文本格式与语言的一致性。就执行委员会的这一职能，有学者提出了不同的看法，认为执行委员会是否适合承担这一任务是值得探讨的。[1]我们认为执行委员会不是对所有成员开放，其成员资格是有限的，其不可能取代作为最后决策者的食典委，因此，将上述确保法典用语一致性的任务分配给执行委员会并不合适。鉴于在法典标准制定程序中语言性修改可能会对法典规定的含义有影响以及部分法典成员提出的反对意见可能会重启

---

〔1〕 Marielle D. Masson – Matthee, *the Codex Alimentarius Commission and its Standards*, T. M. C. Asser Press, 2005, p. 283.

讨论、危及已经达成的协商一致，法典措施的用语越来越重要。通用原则法典委员会具有该领域的专业性以及其对所有法典成员开放的成员资格，因此其被认为是审查法典用语一致性的更加合适的机构。因为所有的法典成员都可以参与通用原则法典委员会的讨论，可以避免食典委中漫长的讨论，从而有利于推进法典标准制定程序。当然这也意味着通用原则法典委员会需要召开更多的会议、与其他法典委员会更密切的接触。通用原则法典委员会可以采取以下做法：在“一读”过程中，就语言和立法一致性问题在通用原则法典委员会中讨论，在“二读”过程中所有提交食典委最后通过的法典措施必须通过通用原则法典委员会。当然如此重要的任务，必然需要法典秘书处辅助通用原则法典委员会的工作。

最后，利用法典委员会的作用构建协商一致。法典委员会构建协商一致的责任旨在辅助、便利食典委通过协商一致达成一致协定。虽然强调某事项在提交给食典委之前达成协商一致，《法典委员会和特设工作组的准则》允许委员会在不能实现协商一致的情形下进行投票表决。《法典委员会和特设工作组的准则》规定：如果通过协商一致能对委员会的决定达成共识，主席应尽量努力去达成一致，而不应要求委员会进行表决。[1] 法典委员会为了促进协商一致的构建可以建立工作组（包括实体工作组和电子工作组）。在建立工作组时必须确保所有利益方都参与到工作组的工作中，因为如果没有参加工作组的法典成员反对工作组的决定，这意味着在食典委的层面上要重新进行所有的讨论，而一旦出现这种情形，这种讨论更加的不公开、不公平，因为有些法典成员和利益相关方对该问题已经进行了充分的讨论，而有些则

---

〔1〕 国际食品法典委员会秘书处：《程序手册》2012 年第 21 版，第 74 页。

没有参与讨论。

（二）保障发展中国家和公共性非政府组织的广泛参与

如何促进发展中国家与公共性非政府组织积极有效参与法典制定工作并不是一个新问题。

2000年食典委首次提出由发展中国家担任法典委员会的联合主持国，成为法典委员会的联合主持国可以加强发展中国家对法典的参与。已经有一些法典委员会的主持国或联合主持国在发展中国家，例如食品添加剂和污染物委员会（CCFAC）在中国（2000年）和坦桑尼亚（2003年），食品卫生委员会（CCFH）在泰国（2001年），食品兽药残留委员会（CCRVDF）在墨西哥（2006年）和法典农药残留委员会（CCPR）在印度（2004年）和巴西（2006年）。如今中国已经成为两个法典委员会（食品添加剂委员会和农药残留委员会）的正式主持国。2003年食典委第25次发起了为促进发展中国家和转型国家参与食典委工作的信托基金，并于2004年开始运作。该基金的目的主要是通过为发展中国家参与法典会议提供财政资助而促进发展中国家参与食典委以及附属机构的工作。有资格获得基金资助的成员包括三类，即低收入国家（LIC），较低的中等收入国家（LMIC），较高的中等收入国家（UMIC）（以上分类是根据世界银行的分类），其中优先资助低收入国家的参与。要获得该基金资助，成员国必须具备以下条件：该国必须是食典委的成员国；该国必须有一个明确的法典联络点；该国必须提供一个与该信托基金目标有关的工作计划；该国必须表明在相关政府机构之间的合作正在开展。虽然该信托基金在促进发展中国家参与食典委工作方面迈出了积极的一步，然而，鉴于需要获得资助的法典成员的数量很多以及食典委召开的会议很多，该基金也只能解决部分问题。因此，仅依靠信托基金的资助很难完全解决发展中国家有效参与法典的问题。有效促进发展中国家的参与度，一方面应该加强发展中国家自身能力建设、增强其参与法典的科学和技术能力，主要包含三个方面：即人员培训、基础设施（例如符合要求的实验室、检验检疫机构、食品安全服务机构等）、技术和资金资源。另一方面应该加强法典标准制定程序的透明度与公正性。（此内容下文会详述）

食典委为了促进公共利益非政府国际组织的参与也进行了一定的努力。例如，关于建立信托基金时曾考虑过资助公共利益非政府组织参与，但最终确定该信托基金的工作重点是资助法典成员。食典委曾经讨论过执行委员会对非政府国际组织开放，但该提议也被否决。我们认为鼓励促进非政府间尤其是公共利益非政府组织有效参与法典标准制定程序的途径主要有三种：其一，以观察员身份参加食典委及法典委员会的会议；其二，作为成员方的代表；其三，在没有形成某一国或某地区的立场之前，在一国国内层面或地区层面表达其观点。对于第一种途径，上文中已经详细阐述，非政府国际组织可以以观察员的身份参与食典委及法典委员会的会议，虽然没有表决权，却可以发表自己的观点与看法。对于第二种途径，可以要求各成员国在组成国家代表团时，必须选择一定数量的公共利益非政府国际组织的代表。这些代表参加食典委及法典委员会会议的费用由该国财政支出，以此避免一些公共利益非政府组织代表被邀请进入国家代表中，而这些代表因为财政经济原因不能经常性参会。对于第三种途径，可以要求成员国建立法典咨询委员会，各国法典咨询委员会对公共利益非政府组织完全开放，且咨询委员会必须听取公共利益组织的建议并将其纳入各国国家立场。

（三）增强法典标准制定程序中的透明度

如上文所述，《议事规则》缺乏具体标准供食典委判断在法典标准制定程序中某一步骤某个拟议草案是推进到下一步还是中止程序，因此清晰、明确的标准对于增强法典标准制定程序的透明度非常重要，也可以使法典成员更好的监督、管控法典标准制定程序。例如，食典委根据明确的标准决定将拟议标准草案推进到下一步时，法典成员可以较好的预见到在法典标准制定程序中的哪一步中会提出哪些事项。

另外一个可以增强法典透明度的工具是《程序手册》。《程序手册》的目的在于从整体上确保食典委组织机构内部以及法典标准制定程序中的透明度。虽然《程序手册》中的有些规定缺乏明确性、清晰性，有些规定相互之间不协调、不一致，有些规定已经过时或者不完整，但是《程序手册》对于确保食典委如此复杂的组织机构和制定程序的透明度以及帮助发展中国家积极有效参与食典委的工作是必不可少的。对于法典成员而言，了解掌握食典委的内部规则可以为其提供一种检验的尺度，避免非法通过法典标准，在食典委框架下不存在其他形式的司法审查，这点尤为必要。随着法典标准制定程序中对透明度的要求越来越多，《程序手册》应该作出一些必要的、根本性的改变。

首先，修改《程序手册》中不一致、不协调的规定。例如，《关于科学在法典决策过程中的作用及在何种程度上考虑其他因素的原则声明》鼓励成员积极促进协商一致，因为其可以不适用接受程序从而不接受法典标准，然而接受程序早已经废除，因此《程序手册》中相关文件对此应该予以修改。

其次，《程序手册》中《议事规则》应进一步明确决策制定相关规定，以避免非法的决策制定，换句话说，避免法典标准的通过是以一种与成员方认为的合法方式不符的方式通过。在《议事规则》中应加入关于“协商一致”含义的规定，明确界定“协商一致”的内涵，缺乏“协商一致”含义的规定会导致出现食典委的主席认为法典标准可以通过，而部分法典成员认为通过是非法的这种相互矛盾的情形。此外，一些重要的具体事项需要重新明确规定，例如，当出现无法达成协商一致的情形时，应该由食典委作为一个整体提出投票表决的提议与决定，而非现在任何一个成员方均可以提议、决定采取投票表决。食典委的这种提议决定可以简单多数通过，而一旦采取投票方式通过法典标准时，则建议采取三分之二多数通过，而非现在的简单多数通过。投票通过时现行做法是采取不记名投票方式，这种方式是否适用于所有情形也有待商榷，应该规定在特殊情形下采取记名投票方式。

再次，《程序手册》中《议事规则》应增加在“二读”过程中达成协商一致（第5步和第8步）的标准。这部分内容上文已经详细阐述，这里不再重复。

最后，《程序手册》中可以将现有的一些非正式实践以正式的方式固定下来，如上文提到的法典委员会主席会议，这将更加有利于各个法典委员会之间关系的协调，增加法典制定程序中的透明度。

此外，会议报告制度也是确保法典标准制定程序中标准草案准备工作透明度的重要工具。尤其是有些会议并非全部法典成员参与时，报告制度就更加重要。此外，其他相关国际组织会议的报告对于促进拟议标准草案准备工作的透明度也具有重要作用。

三、确保《国际食品法典》实质合法性的对策

2005年食典委废除了接受程序，这意味着为确保最低保护水平、促进法典措施作为最低标准适用的机制被废除了。接受程序的废除同时也表明食品法典中为应对各国不同国情的最具灵活性的规范也被废除了。法典标准本身规定的内容是非常详细、细致的，食品法典如何应对各国国情差异性、如何确保其法典标准被实施，这些都是对其实质合法性的挑战。

食典委为应对这种挑战，越来越多的在通过某项法典标准的会议报告中增加注释，该注释包含法典成员对已经通过的法典标准所作出的保留。这表明成员方需要灵活的法典标准为其留下一定的自由裁量或选择余地。然而，事实上，这些保留在WTO协定下是没有法律地位的，绝大多数没有被WTO争端解决机制的专家组和上诉机构予以考虑。因此，食品法典中加入“保障条款”（safeguard clauses）或者明确规定允许偏离法典标准的选择可以被看作是回应法典标准实质合法性质疑的一种工具。[1]这种做法表明食典委肯定了各成员国采取措施的灵活性、允许各成员国在国内层面解决某些问题和事项。这种做法也有利于在成员国间达成协商一致。此外，食典委作为整体认为某些问题和事项更适合在国内层面解决，这也更容易被专家组和上诉机构接受作为证明国家措施偏离法典标准合理性证明的基础。

不同法典标准措施中使用的语言和措辞也越来越重要。例如，不同于包含在商品标准中的卫生实践规范，建议性实践规范（通常包含卫生实践的一般性规定）仅具有建议性特征，因此其用语是“should”而非“shall”。同样的，在法典商品标准中包含的分析采样方法规定是强制性的，而在准则中分析采样方法一般规定则具有自愿性。因为大多数的建议性实践规范和准则都是作为辅助法典成员在国内层面实施和执行法典标准的工具，因此这些措施应该维持其自愿性质。

---

〔1〕嵌入法典标准的保障条款如何被WTO小组解释将可能依赖于保障条款自身的规定。这里的问题是保障条款是基于各国国家措施以法典措施为基础的义务进行解释，还是法典措施仅是一种参考来确定国家偏离法典措施的合法性。如果保障条款规定了法典成员有其他选择来确保其较高的保护水平，例如黄油标准的保障条款，那么实施这种选择将不需要再证明其合理性。然而，如果保障条款的规定属于一般性规定，如仅规定在某些特定情形下成员国可以采取更严格的措施，这种措施的实施则需要成员国提供其合理性的证明。

此外，法典标准作为贸易标准的地位与作为最低保护水平的标准的地位是不同的，尤其是在 WTO 框架下更加强调法典标准作为贸易标准的地位。食典委与 WTO 之间的关系是国际标准制定与国际标准实施的分权关系。WTO 的权能限于为促进自由贸易而实施法典标准，换句话说，WTO 对法典标准的适用是作为贸易标准的，而成员方以国际标准为基础实施国家措施是否为确保最低保护水平，WTO 争端解决机制并没有进行审查。只要法典标准规定的内容得到实施保障，这本身并不是问题。法典措施作为最低保护标准也可以通过其他方法加以促进。粮农组织和世卫组织已经采用的一个重要的方法是，通过发展中国家的能力建设，例如在非洲、亚洲、欧洲、拉美、近东及太平洋地区开展的项目帮助大量的国家加强其国内食品安全控制体系，使其有能力采用、实施代表较高的安全水平、专业技术水平的国际标准。

本章小结

食品安全全球化背景下，国际层面开展全面、有效的食品安全公共治理尤为必要。世界贸易组织、世卫组织、食典委等重要的国际组织以及一些非政府间国际组织都致力于国际层面的食品安全公共治理。然而世界贸易组织关注的主要焦点是促进自由贸易，世界卫生组织存在软法困境，国际标准化组织以及消费组织等非政府间国际组织存在诸多不确定性，食典委作为唯一专门负责食品标准制定和协调的政府间机构，扮演着愈益重要的角色、发挥着日益突出的作用。

食典委的制度合法性主要涉及食典委、食典委附属机构以及标准制定过程中涉及的相关机构各自的权力范围。食典委各个法典委员会在财政上是独立的且拥有较高的专业性，因此一些法典委员会在标准制定程序中拥有较强的地位，有两点值得我们注意即法典委员会提议新工作的权力及法典委员会内部关系的界定。在食品法典的框架下，专家机构应食典委及其附属机构的要求而开展工作，并向其提供科学建议。专家机构提出的科学建议是基于食典委及其附属机构的授权，旨在服务于法典标准措施的制定。此外，食典委将部分任务分配给外部的国际组织来完成，将任务分配给不受食典委内部规则约束的外部组织使得对这些组织的监督非常复杂。综上所述，有必要加强食典委的地位，加强对各个法典委员会的监督与协调，在法典委员会和专家机构之间需要更加积极主动更加直接的合作，专家咨询机构的独立地位也应得到充分的保障。

WTO协定的生效使法典措施的部分要素因其通过而无须成员方明确同意即可获得约束力，这使得标准制定程序出现了政治化倾向，协商一致作为法典标准最后通过的方式越来越难以实现，出现了以投票方式通过最后决定的实践。因此需要重新审视法典标准制定程序的合法性问题。为了促进协商一致的构建，有必要对国际食品法典标准“八步二读”制定程序进行适当的修改与完善，从而确保各方利益得到考量，同时也确保标准制定进程。发展中国家与公共利益组织的参与度问题值得关注。发展中国家缺乏财政、技术和人力资源参与法典标准的制定。在法典标准制定程序中任务的分配，例如，拟议标准草案的准备，大多数是由发达国家承担的。发展中国家与发达国家联合成为法典委员会的主持国、建立信托基金促进发展中国家的参与等措施都旨在提高发展中国家的参与度。这些努力无疑成为促进发展中国家参与的重要进步，然而，从长远来看，要促进发展中国家的积极参与，除了以上努力，还需要确保更加透明和公正的标准制定程序。《程序手册》是促进透明度的重要工具。然而《程序手册》有些规定之间不一致、不清晰、不完整或者已经过时，需要对其进行全面的修改和完善。此外，食典委将一些任务分配给外部机构，例如专家机构和其他国际组织，并不是所有的法典成员都是这些外部机构、组织的成员，因此为了确保决策的透明度以及所有相关者的利益均被考虑，食典委分配任务时需要作出综合全面的考量。当然还存在其他与透明度相关的问题，如相关文件的及时分发与准确翻译等问题。

WTO 协定生效后，法典成员再不能毫无限制的偏离法典措施严格、细致的规定。法典成员有各自不同的国情，而法典措施的内容尤其是法典标准的内容是非常详细、细致的，没有留给法典成员一定的选择余地以应对各自不同的国情。国际食品法典中最主要的灵活性规范规定在接受程序中，但接受程序已经被废除。食典委为应对这种挑战，越来越多的在通过某项法典标准的会议报告中增加注释，该注释包含法典成员对已经通过的法典标准所作出的保留。这表明成员方需要灵活的法典标准为其留下一定的自由裁量或选择余地。因此，国际食品法典中加入“保障条款”（safeguard clauses）或者明确规定允许偏离法典标准的选择可以被看作是回应法典标准实质合法性质疑的一种工具。

第六章

《国际食品法典》与中国食品安全公共治理

第一节　中国食品安全公共治理现状

一、食品安全的含义

（一）食品安全含义的变迁

人们对食品安全的含义在不同的历史时期有着不同的理解。“人人有饭吃”曾经是人类世世代代奋斗的目标，粮农组织成立之初的任务主要是在全球实现粮食安全，即粮食的供需安全。后来随着世界经济的发展与科技的飞速进步，1996年第二次世界粮食首脑会议通过的《罗马宣言》行动计划对世界食品安全的表述是“当所有人在任何时候都能够在物质上和经济上获得足够、安全和富有营养的食品，来满足其积极和健康生活的膳食需要和食物喜好时，才实现了食品安全”。因此，随着人们生活水平的提高，食品安全的含义也从食品的量的安全转变为食品的质的安全。食品量的安全是食品安全发展的初级阶段，强调人类的基本生存权。食品质的安全则是食品安全发展的高级阶段，它对食品的生产、加工、包装、贮藏、运输、销售、消费等各个环节都有着更高更严格的标准。

当今社会背景下，食品安全不限于过去人们所认识到的食品携带的病原体或者因为污染而导致的有毒有害物质等方面，还应该将其扩展到营养、食品质量、食品标签以及警示等方面。[1]食品安全最初的考量因素主要是食品卫生。食品卫生是对食品的一项基本要求，很长一段历史时期，食品是否安全主要取决于其卫生状况，尤其是食品表面可以看得见的卫生问题或者通过感官监测控制装置检测得到的卫生要求问题。食品卫生不仅意味着最终产品外表的清洁，也包含食品生产过程的卫生，例如其生产加工环境等。造成食品卫生也即食品安全问题的一些外部因素包括物理物质及生物制剂等。因此，化学物质的滥用逐渐成为食品安全关注的重点。随着科学和技术的发展，食品生产环境不断得到改进，微生物污染、农药、兽药和食品添加剂等逐渐成为食品安全的严重问题。农药、兽药以及一些食品添加剂的合理使用是允许的，但是当这些物质大量残留或者大量使用时则会构成对消费者的健康与生命威胁。因此，许多国家使用肯定列表制度规范残留控制。后来食品安全问题关注的重点逐渐转向食品营养。营养不良与营养过剩都会导致食品安全问题。历史上很长一段时间甚至到现在，国际社会一直在解决营养不良问题，食品营养是粮食安全的一个重要问题。随着生活水平的不断提高，市场上出现了越来越多的营养食品，尽管这些营养食品标榜其改善食品品质，但同时安全问题也引起了公众的注意与担忧。2004 年中国发生的“大头娃娃”事件就是因为婴儿奶粉中缺乏营养素蛋白质。错误或者夸大的食品营养说明都会误导消费者、引起安全问题。营养过剩也会带来消费者的健康威胁，例如肥胖问题不仅在发达国家也在发展中国家越来越普遍。此外，当今社会科技食品的安全问题也越来越受到关注。食品不仅是自然环境的产物，也是科学和技术的产物。随着科技食品的不断出现，例如，转基因技术食品

[1] Christine E. Boisrobert, *Ensuring Global Food Safety*, Elsevier Inc., 2010, p. 12.

和纳米技术食品，这些食品对于人类消费是否安全成为争论的焦点。任何事物都有两面性，可以肯定的是科学技术的发展对于食品工业的发展带来巨大的益处，但同时其负面影响不容忽视，尤其是当科学技术的风险难以预测时，其对人类健康和自然环境的风险具有不确定性。

（二）食品安全的一般理解

如上文所述，物理、化学、生物、营养以及技术方面的不断发展导致食品危害的来源、种类和性质在不断变化，食品安全的含义经历了一个灵活的、动态的变化过程。对食品安全的理解很难形成一致的看法，因为其中涉及科学、价值判断、政治、经济、文化等多种因素。通观人类历史，食品不仅为人类生存提供必要的物质，而且构成了一种政治、经济和文化考量的工具。当政治、经济、文化、价值等因素被纳入考量后，对食品安全的理解则是多方面、多角度、多层面的，因此很难形成一致的看法。但我们可以肯定的是，尽管科学中存在不确定性，科学的因素对于形成一致的看法具有重要作用。

基于科学基础，对食品安全的一般理解即保证食品按照其用途在准备或食用时不会对消费者造成危害，[1]其中包括物质、过程和信息三个方面的安全要求。[2]

1. 食品安全应该从物质角度加以界定，可以是单个的物质也可以是物质的组合。美国实践表明食品安全的最初保证是通过食品说明来实现的。食品说明主要包括禁止掺杂掺假食品和许可食

---

〔1〕 CAC（2003）. Recommended International Code of Practice General Principles of Food Hygiene, CAC/RCP1 – 1969, Rev. 4 – 2003, p. 5, available at http://www.fao.org/docrep/005/Y1579E/y1579e02.htm.

〔2〕 Bernd van der Meulen and Menno van der Velde, *European Food Law Handbook*, Wageningen Academic Publishers, 2009, p. 252.

品成分标准等。鉴于食品的多样性，一般情形下，食品安全可以允许某些化学物质的应用，但是当某种物质的安全性没有得到证实时是不能被允许添加进入食品的。

2. 食品安全也与生产过程相关，即应该将生产过程与生产方法的安全纳入食品安全内涵中。这意味着在从农场到餐桌的整个食品链中需要实施恰当的方法与措施来预防风险。最初食品生产过程方面的规范主要是卫生条件的要求。后来随着食品工业的发展，食品技术解决了食品工业中的卫生问题。随着食品链条越来越长，食品中存在越来越多的生物风险导致食源性疾病不断发生。鉴于此，许多食品安全生产实践规范（Good Practice Codes）得以发展并用来确保食品生产过程的安全性，例如，良好农业实践、食品生产工业的良好制造实践等。此外，危险分析与关键控制点制度（HACCP）也是一种防范食品生产过程风险的手段，美国和欧盟的食品立法中均采纳了这一体系。

3. 食品安全还与食品信息相关。食品标签信息可以为消费者作出明智选择提供恰当信息并避免误导消费者，尤其是满足消费者不同食品喜好、要求或不同消费目的。一般而言，食品信息应该包含某些强制性的信息以确保消费者能够获得该食品的充分信息，例如食品名称、成分配料表、净含量、生产商的名称和地址、原产国及使用说明书等。[1]食品标签信息还应该包括可能导致过敏或者健康问题的成分信息。由于食品需求的多样性，营养声明信息对于消费者作出明智选择也是必不可少的。

综上所述，作者认为食品安全是指食品无毒、无害、符合应当有的营养要求与国家法律、行政法规和强制性标准的要求，食品在生产、加工、包装、贮藏、运输、销售、消费等各个环节不

---

〔1〕 WHO/FAO, *Food labeling*, Fifth edition, 2007, Rome, pp. 3 ~ 8.

得存在危及人体健康和财产安全的不合理危险。[1] 基于科学基础可以得出食品安全的一般理解，但是食品安全不仅是一种科学判断，也是一种价值判断，因此，对食品安全的理解因各国社会经济的多样性而不断地发展变化。

(三) 食品安全与相关概念的比较

比较分析与食品安全相关的概念，包括食品质量、食品卫生和食品营养等，不仅有助于对食品安全的理解，而且有助于食品安全的公共治理。

1. 食品安全与食品质量。这两个概念之间的关系非常复杂、很容易导致混淆，二者在某种程度上密切相关，但同时也存在较大区别。

质量与安全是两个具有包含关系的概念。质量是由“质”和“量”两个要素所构成的事物的规定性，通常表示某种产品（含食品）或者某项工作所具有的优劣程度。安全是质量的一个组织部分，是质量的属性之一，强调质量中的安全因素。食品质量具有多维度的属性，食品安全是其中之一，除了安全性考量，食品质量也包括营养属性、价值属性和包装属性等。[2]食品安全是其他属性实现的主要要求。因此，不同于其他的、选择性属性，安

---

〔1〕 食品安全的这一理解，符合1996年世界卫生组织在其《加强国家级食品安全计划指南》中把“食品安全”定义为“对食品按其原定用途进行制作和/或食用时不会使消费者健康受到损害的一种担保”。这里也需要特别指出，对食品安全含义的理解因人因时而有所不同。安全食品的生产涉及诸多环节、诸多人员，包括食品生产者、加工者、食品科学家、技术人员、毒理研究人员以及食品监管人员等。从普通消费者的角度而言，食品安全意味着零风险的食品；从监管者的角度而言，食品安全意味着恰当、合适的保护水平。在经济和社会发展的不同的历史阶段，不同国家不同民族对食品安全含义的理解也在不断发生变化。

〔2〕 Neal H. Hooker and Julie A. Caswell, “Trends in Food Quality Regulation: Implications for Processed Food Trade and Foreign Direct Investment”, *Journal of Agribusiness*, 12 (1996), p. 412.

全性是食品允许进入市场的强制性要求。

既然食品质量比食品安全更加广泛（宽泛），食品安全与食品质量的其他部分属性的分离对于食品安全监管与治理非常重要。食品只有当其食品安全符合法律要求、得到保证时，才能获得进入市场的资格。因此，食品安全标准应该由政府制定并实施，属于公共干预的范畴。而对于食品质量，其不同的属性定位可以成为食品竞争力的衡量因素。例如，如果食品达成了更高或最高的质量标准，或者增加某种营养物质或者具有环境保护、动植物保护认证等可以使该食品具有较强的市场竞争力。因此，食品质量的标准制定与实施可以交由市场来处理，由私法规范予以调整。

2. 食品安全与食品卫生。食品是否安全，卫生往往是第一标准，这是因为卫生条件可以观察得到，因此，如上文所述，最初食品安全与食品卫生的概念是一致的。1983 年 5 月 30 日到 6 月 2 日，粮农组织和世卫组织食品安全专家委员会在日内瓦举行会议并做了关于食品安全的报告即《食品安全在健康与发展中的作用》，该报告中食品安全与食品卫生的概念具有相同的含义，被定义为采取各种条件和措施确保食品在生产、加工、储存、分配和准备过程中安全、健康、适合人类消费。〔1〕后来，随着食品领域的发展，这两个概念逐渐具有了不同的含义。1966 年世卫组织的一份文件《加强一国食品安全指南》对食品卫生和食品安全的定义进行了更新，并指出了二者的区别，即食品卫生意味着确保食品链中安全性与可适性（suitability）的所有必要条件和措施，而食品安全是指保证食品按其用途在准备和食用时不会导致消费

---

〔1〕 FAO/WHO, The Role of Food Safety in Health and Development, Expert Committee on Food Safety, 1984, p. 7.

者受到伤害。[1] 这两个概念的区别主要在于：食品安全不仅仅是食品卫生问题也涉及其他方面，仅仅对食品卫生的规范不足以确保食品安全。食品卫生是食品安全的一个方面，但也不仅仅是食品安全的一个要求，其与食品可适性相关即意味着确保食品根据其用途适合于人类消费。不同于食品安全要求，可适性因人而异。也就是说，食品卫生的基本部分是符合食品安全要求的，而所谓的可适性可能根据不同的消费者而具有一定的灵活性。因此，世界各国食品公共治理中，关注食品安全成为食品监管与治理的基础与重点，而食品卫生只是一个从属的要求。

3. 食品安全与食品营养。食品的基本功能是为满足身体基本需要而提供营养物质。营养素的摄入量应是基于个人的不同情况与条件而保持生理平衡，人类基本的营养素需要是相同的，即蛋白质、脂肪和碳水化合物、矿物质、维生素和水。不足的、过量的或者不平衡的营养素的摄入都能导致疾病。因此，营养问题成为食品安全的关注点，因为其不仅关系到人类的生存也关系到人类的健康甚至生命安全。同时，食品营养是食品安全（Food Security）的首要关注点。

除了物质安全性外，食品营养监管与治理的难点更多的与信息相关，因为政府干预食品营养非常有限。消费者应该拥有足够充分的信息来作出关于营养食品的明智决定，食品标签规范包括营养信息、健康声明等有助于指导消费者作出恰当的食品选择。此外，特定的监管与治理也是必要的，例如与肥胖相关的转式脂肪的信息监管等。

---

〔1〕 FAO/WHO, Guideline for strengthening a national food safety program, 1996, p. 22.

二、食品安全公共治理

关于“治理”（governance）一词的含义，全球治理委员会给出的界定具有很强的代表性和权威性。该委员会曾在1995年发表的题为《我们的全球伙伴关系》的研究报告中对治理下了定义：治理是各种公共的或私人的个人和机构管理其共同事务的诸多方式的总和。它是使相互冲突的或不同的利益得以调和并且采取联合行动的持续的过程。这既包括有权迫使人们服从的正式制度和规则，也包括各种人们同意或以为符合其利益的非正式的制度安排。这个定义揭示出治理的特征，治理是一种过程而非仅仅是一套规则；治理是一种协调而非简单的控制；治理涉及公私两种部门而非仅仅是公共部门；治理是一种持续不断的互动而非仅仅是一种制度；治理的主体不限于政府而是多元化的主体，扩大到了政府间和非政府间国际组织、国家和地方层面的各种非政府非营利组织、各种社会团体行业组织等私人部门。[1]

我们认为食品安全公共治理可以理解为政府、市场、社会通过某种“制度安排”，对食品安全实施“共同治理”从而保证消费者获得他们期望的安全食品的过程。在这一过程中，政府、食品生产经营企业、行业组织和社会力量（消费者组织和新闻媒体）都是食品安全治理的主体。在这一过程中不是政府单方面的发布行政指令，而是实现政府、食品生产企业、社会组织相互间的协调。从这一定义中我们可以看出食品安全治理不同于食品安全管理，前者强调把政府、市场、社会三者作为整体共同在食品安全领域中发挥作用、互相监督与制约，而后者更强调政府，是一种“自上而下”的行为，是一种“单向”的监督与制约。食品

〔1〕龚伟丽：“公共治理视角下的我国食品安全监管研究”，首都经济贸易大学2010年硕士论文。

安全治理也不同于食品安全监管，前者强调的是政府、市场、社会三者之间共同的治理责任，三者如何合作治理，而后者更多地强调政府在食品安全领域中的责任，关注政府处理食品安全事件的能力。

政府是公共治理中的重要主体，但受制于其自身的职责与能力，不可能对社会生活的各个方面、各个领域进行全面细致的指导与监管，必须依靠其他主体的协同治理和密切合作，建立公共治理的多中心、多主体治理格局。食品安全领域也如此，食品安全公共治理是一种多元主体的合作治理，整合政府、市场和社会等各方资源及优势，从而形成食品安全治理的协同效应和网络结构。食品安全问题的解决不能完全依赖政府下命令或运用权威，也需要市场机制的完善和社会力量的参与。政府部门、食品生产经营企业、食品行业协会、消费者组织以及新闻媒体等社会力量应该成为食品安全治理的多元主体，各自担任不同的角色、发挥相应的职能，治理目标的实现依赖于多元主体之间的互动合作与协调配合。〔1〕

三、食品安全标准在我国食品安全治理中的重要作用

（一）我国食品安全公共治理现状及存在的问题

食品与人的身体健康、营养、生命财产息息相关，食品安全是人类生存和发展的基础，关系到消费者的切身利益、国家安定与社会稳定。因此，国际社会、各国政府都非常重视食品安全公共治理。2003 年粮农组织和世卫组织联合出版的《保障食品的安全和质量：强化国家食品控制体系指南》（以下简称《指南》），阐述了食品安全公共治理的基本原则、基本策略和基本措施。该

〔1〕 张崎：“我国食品安全多元主体治理模式研究”，山东师范大学 2014 年硕士论文。

《指南》指出，随着经济社会的发展，各国食品安全监管工作面临以下新的挑战：食源性疾病的压力日益增大，不断出现新的食源性危害；食品生产、加工和销售方面的技术不断更新；国际食品贸易的发展对食品安全和质量标准的一体化不断提出需要；生活方式不断改变，城市化加速；消费者对食品安全空前重视等等。2004年粮农组织和世卫组织联合出版的《加强官方食品安全监管机构》指出了官方食品监管机构现有组织结构的不同类型以及促进官方食品监管机构管理效率的途径。

我国近年来频发的食品安全事件引起了政府和社会的广泛关注，同时也督促政府部门和社会力量加强食品安全治理。例如，2008年三鹿奶粉三聚氰胺事件发生后，卫生部、质检总局、食品药品监督管理总局等六部门联合发文，按照相关要求对乳制品进行检查和检验，国务院通过了《乳品质量安全监督管理条例》，废止食品质量免检制度，建立了乳制品安全长效治理机制。2008年国务院下发《关于调整省级以下食品药品监督管理体制有关问题的通知》，撤销食品药品监督管理机构省级以下的垂直管理，改为由地方政府分级管理，加强地方对食品药品监督管理的各个部门间的协调，充分调动中央和地方两方积极性。[1] 2009年我国制定颁布了《食品安全法》，强调加强政府食品安全治理与监督管理，确立了以食品安全风险监测和评估为基础的科学管理制度，明确食品安全风险评估结果作为制定、修订食品安全标准和对食品安全实施监督管理的科学依据，该法在保证食品安全、保障公众健康与生命安全等方面起到了积极的作用。虽然我国现阶段的食品安全治理取得了一定的成就，但仍然存在诸多问题。

---

〔1〕 张崎："我国食品安全多元主体治理模式研究"，山东师范大学2014年硕士论文。

1. 政府食品安全治理效率低下，各治理主体间缺乏良性互动。食品安全治理中涉及多个部门，工商、农业、质监、药监、商务、海关、进出口检验检疫等各个部门在食品的原料、加工、生产、流通、进出口、消费等环节负有一定的监管职责，而任何一个部门都没有完整的监管权，一旦某一部门缺位，可能会造成整个食品安全监管的失败，于是出现“八个部门管不好一头猪”的现象。[1]因此，仅仅依靠政府这一单一主体很难实现食品安全治理的目标，政府在食品安全治理中存在失灵的局限性。现阶段，以法治为基础的市场机制尚不完善，食品市场发育尚不成熟，尚未建立规范的市场秩序与规则，食品生产经营企业存在投机行为、违法行为，无法有效保障消费者生命健康权、知情权等合法权益。此外，其他社会组织也没有充分有效的参与到食品安全治理中。食品行业协会功能有限，缺乏相对独立性与自主性，营利性的倾向限制了其功能的发挥。消费者组织不具有行政权力，缺乏社会权威性，直接影响了其食品安全社会监督的覆盖面和效果。新闻媒体对食品安全事件的报道与监督受社会环境和法治环境的制约，没有充分发挥其社会治理中“第四种权力”的职能。总之，食品安全治理各方主体没有形成一种良性互动与合作。

2. 食品安全标准体系不健全。粮农组织与世卫组织对食品安全标准体系的建议是食品标准体系应当把保护人类的健康作为首要目标，并建立在公开透明、以危险性评估技术为基础的科学建

---

〔1〕以生猪及猪肉的监管为例：第一个环节是兽药的生产，由农业部、质检总局负责；第二个环节是养殖业，由农业部负责；第三个环节是饲料生产和饲料添加剂由农业部、工商总局、质检总局负责；第四个环节分是生猪的防疫、检疫工作由农业部负责，并收取费用；第五个环节是生猪收购、销售，由商务部和工商总局负责；第六个环节是质量卫生监督，由国家质检总局和卫生部负责。猪肉进入流通领域后，需要同时接受工商部门、行业主管部门、卫生部门、质检部门、环保部门的监管。猪肉及其制品的出口还要受到海关、进出口检疫检验两个部门的监管。

议之上。与发达国家和食典委相比，我国目前食品安全标准体系的问题不在于食品安全标准的数量，而在于质量。我国的食品安全标准达到5000多项，比一般的发达国家和食典委还要多，截至2012年，食典委共制定了328项各类法典文本，远低于我国标准的数量。但我国众多食品安全标准有些存在交叉矛盾，有些缺乏可操作性和有效性，有些指标缺乏客观依据，有些缺乏快速简便的检测手段和方法。如何将我国的标准体系与国际食品法典标准和发达国家标准体系相协调，使食品安全标准通用性更强，覆盖面更广将是我国今后食品安全标准体系建设的重点。

3. 监控体系和风险评估体系不完善。我国食品安全监控体系涉及环节多、程序复杂、管理不到位、监控检测不及时。“食品链”的概念在我国食品安全监控、治理体系中没有充分的体现，我国长期以来一直缺乏对食品安全“从农田到餐桌”的全程监控。我国的食品安全监控体系对田间操作等初级生产过程的安全操作和潜在威胁重视不够，没有把食品安全建立在整个食品产业链的基础上。食品安全技术支撑体系建设明显滞后，高水平的技术支撑机构数量少，检测手段整体落后，专业技术人才整体水平不高。风险评估和风险管理手段与方法初步建立，风险评估标准与国际风险评估标准对接性不够。

4. 食品安全法律法规体系缺乏协调性和系统性。长期以来，我国有关食品安全的法律规范分散在各种法律法规中，例如《产品质量法》、《消费者权益保护法》、《刑法》等，缺乏专门的食品安全法对食品生产、加工和流通等各个环节进行有效规范。2009年我国制定颁布《食品安全法》，提出了食品安全标准的概念，并将食品安全标准作为食品领域唯一强制执行的标准体系。该法在保证食品安全、保障公众健康与生命安全等方面起到了积极的作用，然而该法仍然存在一些问题，例如该法有些条款表述较为宽泛，在实践中缺乏可操作性，导致食品安全执法中界定食品安全违法行为及追究法律责任具有较大的随意性。此外，该法中部分法律规范之间缺少衔接与互补，会造成规范之间的重叠或空白，影响了法律实施的实效，限制了其作用的有效发挥。

（二）食品安全标准在我国食品安全公共治理中的重要作用

粮农组织和世卫组织认为食品安全标准是食品安全治理的重要组成部分，科学的食品标准能为各种食品是否安全提供专业的衡量标准，同时也能为各国的食品安全标准、法规的制定提供重要参考。因此上述两个组织在1963年通过了设立食典委的决议，食典委为粮农组织和世卫组织的附属机构，负责国际食品标准的研究和制定工作，以便推动各国食品标准体系的协调，促进国际与国内层面的食品安全公共治理。食品安全标准对食品安全公共治理的重要性得到国际社会的认可，就我国国内食品安全治理而言，安全标准也发挥着不可或缺的重要作用。

如上文所述，政府在食品安全治理中发挥主导、引导和规范的作用。食品安全问题的解决需要政府制定一系列公共政策、行政法规与安全标准予以综合性规范。食品安全标准是为了保证食品安全、保障公众身体健康，防止食源性疾病，对食品、添加剂、污染物、食品相关产品及其生产经营过程中的卫生安全要求作出的统一规定，属于强制性技术法规。食品安全标准是食品安全法律体系中的重要组成部分，是实现食品安全科学管理、规范食品生产经营行为、促进食品行业健康发展的技术保障，是保护公众健康、保障食品安全的重要措施，是食品安全公共治理的重要基础。

我国国内近些年频发的食品安全事件，如地沟油、塑化剂、苏丹红、三聚氰胺等事件，将社会关注的焦点集中于食品安全标准。社会在对这些食品安全事件进行反思的过程中，许多人将安全事件发生的原因归结于我国食品安全标准缺失、标准落后，虽然上述事件的发生有诸多方面的原因，但这也从一个侧面反映了食品安全标准在食品安全监管与治理中的重要作用。

2009 年颁布的《中华人民共和国食品安全法》是旨在专门解决食品安全问题的法律，该法律提出了风险监测、风险评估、市场准入、生产经营过程管理等全面的食品安全管理手段，构建了政府、企业、行业、技术科研机构、消费者等全社会共同参与、各负其责的食品安全综合治理体系。在这一治理体系中，各级政府食品安全监督管理部门依照《食品安全法》赋予的职责监管食品市场准入，并对食品生产经营过程进行监督管理。食品生产经营者是食品安全的主要责任人，有义务按照法律法规和食品标准的要求生产、经营安全、卫生的食品。各级技术和科研机构主要开展危害因素监测，掌握各类污染物质的实际污染水平，开展风险评估，为食品安全治理提供科学技术依据。食品安全标准体系的日趋完善是食品安全治理的基础和前提，有效的食品安全公共治理有赖于上述各主体即政府各部门、食品生产经营企业、行业协会、科学技术研究机构等对食品安全标准的贯彻与适用、遵守与执行。

当然，除了食品安全标准，众多的“良好生产规范”（GMP）也在食品安全有效治理中发挥着重要的作用。食品安全标准只能规定在正常生产加工条件下添加剂、污染物等的允许水平，不可能对非法添加、掺杂掺假的行为事无巨细的加以规定，因此依照食品安全标准对最终产品的检测并不能彻底、完全解决食品安全问题。“良好生产规范”是对食品生产全过程提出的卫生安全要求，包括食品原材料采购、设备设施、人员卫生、污染环节控制等各个方面的卫生安全要求，要求企业自觉依据“良好生产规范”开展生产，并对最终产品的安全负责。政府食品安全的监管重点除了监督食品生产经营者遵守食品安全标准外，还应该督促其依照良好生产规范组织生产，从源头监管和治理食品安全。

第二节 中国采用《国际食品法典》标准的现状与存在的问题

一、我国参与国际食品法典委员会活动的概况

我国参与食典委的活动可以分为两个阶段，即加入WTO之前与加入WTO之后。

我国加入WTO之前，参与食典委的活动是有限的。改革开放之前我国实行计划经济体制，食品、农产品以及农业生产资料的产供销实行高度统一的统购统销政策，食品、农产品安全标准基本上没有采用国际食品法典的国际标准，也没有同食典委建立密切联系。改革开放后，我国开始关注食典委及其标准制定工作。1984年粮农组织批准我国为食典委正式成员，我国成立了中国食品法典协调小组，负责组织协调中国食品法典相关事宜，首次明确提出采用国际标准。中国食品法典协调小组分别由世卫组织和粮农组织对应的卫生部和原农牧渔业部负责，参加部门有原卫生部、商业部、农牧渔业部、国家商检局与国家标准局、轻工业部、化工部。该小组秘书处设在卫生部，负责中国食品法典国内协调，小组联络处设在农业部，统一负责与食典委相关的一切联络协调工作。此后，我国在国内农产品及食品安全标准制定、修订过程中，非等效采用了一些国际食品法典标准。总体而言，这一阶段的参与程度有限，参加国际食品法典的会议仅限于每年的大会和少数几个法典委员会，派出的参会专家也是临时组织，在会上很难发表被成员方认同的意见和建议。

我国加入 WTO 之后，随着农业发展进入新阶段，为适应经济全球化的发展趋势，我国开始重视食品、农产品国际贸易规则，对食典委活动的参与度不断提高，采用国际食品安全标准的意识不断增强。近年来，我国食品法典工作力度不断加大，每年派出十几个甚至几十个代表团参加食典委大会及其法典委员会会议，参会代表团的规格也逐步提高，每届大会我国均派出了由司（局）长为团长、农业部、卫生部、国家质检总局等国务院有关部门的领导和专家组成的政府代表团，还包括一些非政府代表团。参会的范围也由以前的食典委大会扩大到一般原则、食品卫生、食品标签、食品添加剂、农药残留、兽药残留、生物技术食品以及进出口食品检验和认证体系等多个领域的会议，并且我国代表团在食典委大会及各种会议上提出的建议和意见被许多食典委成员所认可和接受。

具体而言，我国在食典委标准的制定、修订方面发挥越来越重要的作用，从最初的被动接受到现在的主动参与，并且承担了部分国际食品法典标准（草案）的制定、修订工作。例如，“竹笋”、“腌菜”、“干鱼片”“人参”、“发酵豆瓣酱”、“发酵辣椒酱”等多项标准，我国均参与了制定、修订工作。我国还牵头承担了“大豆分类”、“非发酵豆制品”标准的起草，这些既表明我国充分参与食典委的工作，也表明食典委对中国参与和承担食典委标准制定、修订等工作的支持和信任。我国注重食典委标准的收集、整理和汇编。农业部作为食典委中国联络处组织有关单位和专家对食典委及其法典委员会会议所形成的报告进行了系统收集、整理和翻译，并编印了《国际食品法典委员会会议报告汇编》；对食品法典拟议中的国际食品标准草案进行了收集、翻译，并编辑出版了《国际食品法典委员会标准草案汇编》。同时，在由农业部主管的“中国农业质量标准网”上开辟了“国际食品法典”专栏，建立了食典委中文信息服务平台，通过网络平台对国际食品法典动态进行及时跟踪。卫生部作为中国国际食品法典协调小组的秘书处，定期组织、召开国内食品法典工作会议，并创立了“食品法典通讯”专刊，跟踪和报道国际食品法典委员会的最新动态和工作进展。此外，国家质检总局以及其他有关部门、企事业单位也开展了一些国际食品法典标准跟踪工作。在国际食品法典标准制定中我国开始维护自身合法权益，一方面努力发表我国的意见，另一方面我国也积极研究国际食典委提出的问题和建议，回复食典委对我国标准制定工作的问卷调查、反馈我们的意见和建议，提高我国食品、农产品的国际竞争力，促进国际贸易。例如在食典委第 26 届会议上，针对发酵奶标准修订草案，我国代表团原则上同意在第 8 步通过该草案，但立足我国国情，同时考虑到各代表团对草案文本某些条文的不同理解，我方向大会提出了三点保留：①酸奶（yogurt）均应指含活菌的产品，没有活菌的产品不能称为酸奶；②对加热处理的发酵奶，同意用“heat treated fermented milk”名称，但不能使用“heat treated yogurt”名称；③关于乳饮料（milk drinks），我们认为情况比较复杂，从食品种类上看与发酵奶也有一些差别，故建议将其作为新工作交有关委员会进一步讨论，保护了我国乳制品企业的利益。[1]

---

〔1〕 还有一个例子是关于大米中镉的最高限量标准草案。国际食品法典委员会第28届会议拟将大米中镉的最高限量由原来的0.2mg/kg修改为0.4mg/kg，联合国粮农组织和世界卫生组织食品添加剂专家联合委员会对该限量进行了暴露水平评估，认为在该水平下对消费者不会产生影响，同意草案进入第5步。会上，日本、美国、泰国等支持草案进入第5步，而欧盟、新加坡、埃及和挪威等保留意见。我国大米中镉的限量标准为0.2mg/kg，考虑到我国是大米的主要消费国以及可能对大米进出口贸易的影响，代表团利用对国际食品法典委员会标准的承认规则，对该草案进入第5步发表了保留意见，为以后大米贸易争端中维护我国利益留下了重要依据。

二、中国采用《国际食品法典》标准的现状及存在的问题

我国目前已经具有的基础标准体系，如 GB2762－2005、GB 2763－2005、GB2760－2007 等均已成为食品工业组织生产和控制污染的重要依据。对我国现行有效的食品相关标准进行收集和初步整理，共收集到食品标准 5264 项，其中国家标准 2248 项，占总数的 42.71%（其中强制性标准 722 项，推荐性标准 1521 项，指导性标准 5 项）；行业标准 2931 项，占总数的 55.68%（其中强制性标准 781 项，推荐性标准 2150 项）；另有由卫生部发布的针对食品添加剂的标准 85 项，这类标准以公告的形式发布，具有强制属性，占总数的 1.61%。上述标准涉及的管理部门有国家质量监督检验检疫总局、农业部、国标委、卫生部以及其他部门。根据《中华人民共和国食品安全法》对标准的分类，将现行食品标准分为以下几类：基础标准、食品产品标准、食品添加剂、食品相关产品、生产经营规范、检验方法（理化检验、微生物检验、毒理学）标准，其中理化检验方法 2443 项，食品产品标准 1208 项，食品添加剂标准 523 项，生产经营规范 401 项，食品相关产品标准 399 项，微生物检验方法 215 项，营养与特殊膳食食品标准 29 项，毒理学方法 26 项，基础标准 20 项。[1]

在我国食品安全标准体系中，对国际食品法典标准的采用主要有非等效采用、等同采用和参照采用几种方式。例如我国非等效采用的国际食品法典标准有：婴幼儿辅助食品苹果泥、婴幼儿辅助食品胡萝卜泥、婴幼儿辅助食品肉泥、婴幼儿辅助食品骨泥、菠萝罐头、糖水洋梨罐头、糖水橘子罐头、婴儿配方粉及婴幼儿补充谷粉通用技术条件、预包装食品标签通则、预包装特殊膳食食品

〔1〕何翔："食品安全国家标准体系建设研究"，中南大学 2013 年硕士论文。

标签通则等；我国等同采用的食品安全标准有：棕榈油和棕榈仁油；我国参照国际食品法典标准制定的标准有：无公害食品咸鱼、水产品加工名词术语、荔枝、水产品抽样方法和冻虾等；我国针对铅、镉、汞、砷等等同采用食典委食品中污染物限量指标；《食品中农药最大残留限量标准》（GB2763－2005）和《食品中污染物限量》（GB2762－2005），使我国在农药残留最大限量和污染物限量的采标率有了较大幅度提高；我国颁布的《兽药典》也大幅度采用国际食品法典标准。但总体而言，我国食品安全标准的国际采标率较低。我国对国际食品法典标准的采用多数属于非等效采用，等同采用或修改采用的国际食品法典标准不多，还有一部分食品、农产品标准在制定、修订过程中参照国际食品法典的标准或其部分内容和指标。我国在采用国际食品法典标准时存在盲目采标的问题。一方面没有科学合理的采标计划，有应急采用的情形；另一方面，多数采标缺乏充分的科学评估与科学分析试验论证。采用国际食品法典标准应该立足我国国情，制定科学合理的采标计划、有计划、分步骤地进行，才能提高我国采用国际食品法典标准的数量与质量，有利于加强我国食品标准体系的完善。但我国采用国际食品法典标准时往往缺乏计划性，政府在应急时、需要紧急制定标准时会采用国际标准。正是由于缺乏计划性，应急采用的国际标准往往缺乏充分、有效的风险评估与风险分析科学论证。科学论证是保证一项标准的科学性、先进性和可操作性的重要基础，特别是对于食品中的农药残留、兽药残留、添加剂与污染物限量等尤为重要。缺乏充分的科学论证很难保障一项标准既符合我国国情又具有科学性。此外，我国采用国际食品法典标准时存在机械采标的问题。WTO 协定的生效以及国际食品法典标准在 WTO 争端解决机制中的运用使法典标准的地位得到极大的提升。然而，国际食品法典标准对许多国家而言仍然是一把“双刃剑”：一方面，通过采用国际食品法典标准可以提高本国食品及农产品国际竞争力，维护本国权益；另一方面，国际食品法典标准也可能使本国在国际食品、农产品贸易中受到损失。因此，我国在采用国际食品法典标准时，尤其是涉及与农产品、食品国际贸易密切相关的国际食品标准时，应该充分考虑我国国情，立足我国国情，切忌生搬硬套，绝不能为了采标而采标，否则最终损害的是我国的利益与国际贸易。

除上文所提及的我国在采用国际食品法典标准中的问题外，与国际食品法典相比，我国的食品安全标准还存在着体系不协调、内容不科学甚至某些领域安全标准缺乏或缺失等问题。

食品安全标准在食品安全公共治理中具有重要作用，标准体系是否合理直接决定着食品安全治理体系与治理模式的有效性。国际食品法典采用横向（水平）的通用基础标准与纵向（垂直）的特定商品标准相分离、食品安全与等级质量相分离的模式。食品安全标准以所有食品为对象，适用于所有相关食品。食品安全限量标准在一个通用标准或技术法规中规定，具有广泛的适用性和法律约束性。例如，食典委对所有食品制定的农药残留限量指标都在《CAC/MRL（1）－2001 农药最大残留限量（MRLs)》中规定。这种食品安全标准体系保证了标准内容的系统性和食品覆盖范围的全面性，增强了标准的适用性、可操作性和有效性。我国现有的标准体系忽视了横向、水平型的通用基础安全标准，以特定商品为适用对象，制定以食品为基础的垂直性标准，食品标准中安全和质量内容混同，既包含安全内容又包含质量指标，这种以商品各自为政的标准体系模式，往往会造成标准数量多、标准内容覆盖面小、系统性差等问题，从而影响标准的适用性和可操作性。

食典委一向倡导采用过程控制的方式监控食品中的微生物污

染，以生产操作规范（Code of Practice）的形式规定一套科学合理的生产加工方式是预防和降低食品中各类化学污染的重要措施。近年来我国频发的食品安全事件表明，种植养殖业的源头污染问题、食品生产加工过程中的过程控制问题是我国食品安全两大突出问题。对最终产品抽检进行控制属于落后的终端管理手段，而各类生产规范的推广和执行才是治本的控制措施。国际食品法典中包含了预防和控制各种食品污染的69项生产操作规范，涵盖了生物污染、生物毒素、外源性化学污染物、加工中产生的污染物等方方面面。例如控制食品中微生物污染的《食品卫生通则》、防止生物毒素污染的《预防和降低花生中黄曲霉毒素的规范》、防止外来化学因素污染的《预防和降低食品和饲料中二恶英及二恶英样PCB的规范》等。[1] 这些规范采取食物链的全程控制原则，对食品的监控从种养殖环节开始直至销售到消费者手中之前的所有环节均提出相应的卫生、安全控制措施。我国目前也制定了一些类似的生产规范，但这些规范的可操作性不强，限制了执行效果；有些规范不涉及原料的生产过程，无法实现全程控制，往往导致初级农产品标准和加工产品标准分段不连接、不协调的局面。

检验方法标准是食品安全标准体系的重要组成部分，是检验通用基础标准和产品标准是否得到遵守与执行的重要手段。国际法典标准目前没有成文的检验方法全文，而是采用列表的方式，依据一定的原则，尽可能地采纳国际标准化组织（ISO）、美国化学家分析协会（AOAC）等公认有效的方法。我国在检验方法标准方面与国际食品法典以及其他发达国家存在较大的差距，缺乏许多检验方法标准。营养是食品安全领域的重要组成部分。国际

〔1〕樊永祥："国际食品法典标准对建设我国食品安全标准体系的启示"，载《中国食品卫生杂志》2010年第2期。

食品法典通过营养与特殊膳食委员会、食品标签委员会等对食品的营养要求进行规范，并开展了大量研究工作，在标签和营养领域已经制定了近 20 项相关的文本。[1] 而我国目前尚未建立有关食品营养领域、特殊膳食用食品领域的标准与规范。

三、存在问题的原因分析

首先，重视程度不够。食典委标准以其先进性和科学性得到 WTO 的认可，法典标准在 WTO 框架下地位的提高使许多发达国家和发展中国家政府均给予了高度重视，并投入巨大的人力、物力和财力积极研究和参与食典委标准的制定修订工作，以促进本国的农产品及食品国际贸易。如上文所述，我国长期以来实行计划经济体制，食品和农产品实行产供销统购统销，以内销为主，因此采用国际食品法典标准的范围十分有限。改革开放之后，随着我国加入食典委成为正式成员国，尤其是随着 WTO 生效，我国开始重视食典委的活动以及其制定的国际食品法典，积极参与食典委的活动，采用国际食品法典标准，但是总体而言，重视程度仍然不足以满足保障消费者安全和提高我国农产品、食品国际竞争力的需要。

其次，基础研究薄弱。国际食品法典中任何一项国际食品标准均有严格规范的制定程序以及大量的科学分析和研究数据作为保障，尤其是农药残留、兽药残留、添加剂和污染物限量等，粮农组织/世卫组织食品添加剂专家联合委员会，粮农组织/世卫组织农药残留联席会议，粮农组织/世卫组织微生物风险评估专家联席会议是为食典委提供科学评估的主要科学专家机构。也正基于此、国际食品法典标准在 WTO 框架下的地位得到各成员方的承认。从世界范围来看，以风险分析和风险评估为基础的农产品

---

〔1〕 樊永祥："国际食品法典标准对建设我国食品安全标准体系的启示"，载《中国食品卫生杂志》2010 年第 2 期。

及食品标准已成为发展趋势。然而，就我国而言，基础研究虽然得到不断发展但仍然薄弱。我国农产品及食品标准化工作相比其他发达国家起步较晚，农产品及食品标准技术体系还不够健全和完善。我国仍然存在部分农产品及食品标准中的数据和指标没有经过充分风险分析和科学验证，标准的科学性和可操作性还有待提高。由于我国缺乏符合性试验，部分强制性食品农产品标准通过后，相关指标遭到其他国家的质疑，这无疑影响了强制性标准的有效性和可操作性。此外，科学研究国际食品法典标准是我国采用国际食品法典的重要基础。而我国在这方面的研究相比其他发达国家仍然有明显差距。因此加强对食典委组织框架、运行规则、法典标准制定程序、主要贸易国参与食典委的活动等方面的基础研究对我国参与国际食品法典活动和采用国际食品法典标准有重要指导意义。

再次，科研人才队伍短缺。国际食品法典的制定工作旨在保障消费者健康和促进公平食品贸易实践，这一工作具有较强的专业性，要求具有相关的科学技术知识，要求该领域的专家参与。就各国而言，食品安全标准的制定需要既具有相关领域的专业技术知识又具有国际国内法律知识，并能长期稳定地从事该项工作的科研人才队伍。由于我国的食品、农产品安全标准工作的起步较晚，1984 年以前一直以观察员身份参加食典委的活动，1984 年正式成为食典委的成员后才开始重视国际食品法典标准。在参与食典委各种会议的初期，相当一段时间内，我国派出的参会人员都是临时性的、业余性的，很难在食典委的会议上发出自己的声音。现阶段，虽然我国对食典委的活动和国际食品法典标准越来越重视，但是依然存在国际标准的研究人才相对短缺、缺乏具有较强专业知识和技术能力的科研人才队伍问题。

最后，部门协调差。我国成为食典委的正式会员国后，建立了国际食品法典委员会对外联络处和国际食品法典委员会国内协调小组，但如上文所述，我国的食品、农产品安全问题涉及农业部、卫生部、商务部、质检总局、工商局等多个部门的复杂管理，部门间缺乏良好的协调配合，难以形成一致意见和采用统一行动。多头治理，相互掣肘，影响了我国对国际食品法典标准的采用，影响了我国食品安全标准体系的建设与完善，而且造成我国参与食典委活动效率低，延缓了采用国际食品法典标准的进程。

第三节 中国采用《国际食品法典》促进食品安全公共治理的对策

一、发达国家采用《国际食品法典》的经验借鉴

作为一个在保护消费者健康和促进公平食品贸易领域发挥着重要作用的国际食品标准制定机构，食典委虽然在积极采取措施促进发展中国家及最不发达国家的参与，然而由于存在种种实际困难，发展中国家尤其是最不发达国家对法典事务的参与程度与发达国家相比存在很大差距，从而影响了这一国际标准体系的公正性，这也是食典委发展面临的挑战之一。根据食典委秘书处的分析报告，在参会国数量最多的 2008 年度，发达国家出席率达 97%，发展中国家为 72%；以受关注度较高的食品添加剂法典委员会（CCFA）会议为例，2008 年发达国家的出席率为 62%，发展中国家为 29%；2008 年举行的速冻食品加工临时工作组会议，发达国家出席率为 27%，发展中国家出席率仅为 6%。[1]长期以

---

〔1〕 Codex Committee Documents for General Principle, Participation of developing countries in the work of codex, CX / GP 09 /25 /9, available at http:// www. codexalimentarius. net.

来发达国家拥有技术、经济、人才等优势，既是食典委的主要参与国，也是国际食品法典标准的主要制定国。

首先，投入大量人力、物力和财力积极参加食典委活动。由于食典委标准在国际食品贸易、农产品贸易中的重要性，很多发达国家尤其是进出口贸易额较大的贸易国为了获得国际贸易的优势对参与食典委活动非常重视，在人力、物力和财力等方面给予大力支持，积极参与食典委各种活动，通过控制国际食品法典标准的制定过程或选择对自己有利的国际食品法典标准加以采用维护自身经济利益，取得国际农产品及食品贸易的主动权。

以美国为例，美国在农业部（USDA）下属的食品安全检验局（FSIS）成立了国际食品法典委员会办公室。该办公室由农业部、食品和药品管理局（FDA）、国家环境保护署（EPA）和商务部的相关人员组成，负责协调和管理美国参与食典委的所有相关活动，与参与食典委及各法典委员会的美国代表、国会议员、非政府组织及公众人员开展紧密的合作，并定期向美国农业部主管食品安全的副部长汇报食典委及各法典委员会标准制定工作进展。此外，美国还成立了食品法典指导委员会。该指导委员会由来自农业部，公共卫生署、国务院、商务部、环境保护署和贸易代表办公室的官员组成。指导委员会下设政策委员会和技术委员会。政策委员会委员主要由有关部（署）负责政策制定的高级官员组成，政策委员会通常每年召开两次会议，其职能主要包括：提出大政方针（如促进法典工作的全面战略）；向美国国际食品法典委员会办公室和参加食典委会议代表提供制定规章和贸易政策方面的科学指导；指出保证国内和国际法典工作透明度的政策和方法；界定 SPS 工作组和法典委员会有关会议的日期、地点和经费支持方案（需各部门达成协商一致）；指定参加食典委通用原则委员会和执行委员会会议代表。技术委员会通常每季度举行一次会议，其职能主要包括：向美国国际食品法典委员会办公室和参加法典会议代表提供指导；处理交叉议题（尤其是涉及多部门或两个以上的食典委持有不同意见的议题），并将这些议题提请政策委员会关注；安排和处理美国参加食典委会议代表、食典委办公室和政府部门提出相关议题；决定参加食典委会议代表和预备代表；监督食典委办公室对食典委各委员会议题评议的准备、协调和评议意见的处理；指导美国法典战略计划的长期实施。〔1〕

其次，争取食典委国际标准制定程序中的主动权与话语权。发达国家争取在食典委中制定国际食品标准主动权的方法与途径主要有两种：第一，积极争取进入食典委的决策层。例如美国、欧盟、日本等国积极争取本国代表选任成为食典委主席，从而提高本国在食典委活动中的决策影响力。〔2〕第二，积极争取成为食典委各法典委员会的主持国，提高本国在法典标准制定程序的主导性与影响力。如本书第二章所述，一般而言，食典委组织框架下综合主题委员会、商品委员会、政府间特设工作组、地区协调委员会等的主持国在国际食品法典委员会标准制定程序中具有较大的主动性与话语权，在一定程度上可以左右着标准的制定。因此，一些发达国家利用其经济、财政和专业优势积极争取成为上述各委员会的主持国，利用主持国的优势，充分发表有利于本

---

〔1〕 魏启文、崔野韩：《中国与国际食品法典》，世界知识出版社2005版，第48～50页。

〔2〕 例如美国Thomas Bill博士曾连任2002年、2003年两届国际食品法典委员会主席。在2005年罗马举行的国际食品法典委员会第28届会议上，美国的Karen Hylebak博士又成功当选国际食品法典委员会副主席，并已连续3年承担国际食品法典委员会秘书处工作。现任国际食品法典委员会主席为瑞士的Awilo Ochieng Pernet女士。

国的意见和建议，从而获得相当的话语权。[1]

最后，有选择地采用国际食品法典标准，保障消费者健康，促进本国农产品和食品的国际竞争力，促进本国国际贸易。发达国家意识到食典委食品安全标准对国际食品贸易的重要性，因此非常重视对国际食品法典标准的采用。在具体采用时，发达国家往往利用其在食典委和各法典委员会的优势地位及在国际食品法典标准制定程序中的主导性将本国标准或意向转化为国际标准。一方面，主动承担和参与食典委标准草案的制定、修订工作；另一方面，在国际标准制定、修订过程中努力将本国标准国际化，或者将符合本国国情、本国利益的意见和建议纳入国际法典标准中。[2]

食品标准的水平代表着一国在食品安全性方面的技术水平，也体现了一国在国际食品贸易中的保护水平。根据WTO框架下《SPS协定》和《TBT协定》的规定，采用了国际食品法典的标准，就被认为是与《SPS协定》和《TBT协定》的要求相一致。如果一国的食品标准低于国际食品法典标准，则意味着该国有可

---

〔1〕例如，美国曾是食品卫生、兽药残留、加工水果和蔬菜、谷物和豆类等四个委员会的主持国；荷兰曾是农药残留、食品添加剂和污染物两个委员会的主持国；日本曾是生物技术食品委员会主持国等。因此，上述国家主导和参与了大量的国际食品法典标准的制定、修订工作，包括农药残留、兽药残留、动物饲养、生物技术食品等许多涉及进出口贸易和国家利益重点领域的标准。当然，如今，食典委自身也在积极寻求变革，支持发展中国家参与食典委的活动，鼓励发展中国家承担某些法典委员会的主持国。

〔2〕例如，美国曾是食品卫生、兽药残留、加工水果和蔬菜、谷物和豆类等四个委员会的主持国；荷兰曾是农药残留、食品添加剂和污染物两个委员会的主持国；日本曾是生物技术食品委员会主持国等。因此，上述国家主导和参与了大量的国际食品法典标准的制定、修订工作，包括农药残留、兽药残留、动物饲养、生物技术食品等许多涉及进出口贸易和国家利益重点领域的标准。当然，如今，食典委自身也在积极寻求变革，支持发展中国家参与食典委的活动，鼓励发展中国家承担某些法典委员会的主持国。

能成为低标准食品的倾销市场。而如果一国的食品标准高于国际食品法典的标准，则必须提供充分的科学论证依据证明其是必要的且对贸易的影响最小化。因此很多发达国家在采用食典委的标准时不是盲目采用，而是结合本国国情，立足于维护本国利益而灵活把握。一国对国际食品法典标准的采标率不是越高越好，采标率高不一定能很好地维护本国消费者和本国食品贸易。发达国家的通常做法是，立足本国国情，对本国特别重要的食品、农产品标准予以特殊的关注，遵循客观规律和科学依据，积极加大对相关标准的风险分析和风险评估，推动本国标准的国际化，或积极采用对本国消费安全和食品贸易有利的标准或指标，把国际标准和本国标准予以协调、统一。遇有不能协调、统一的情形时，不强制采用，通过其他途径灵活处理。很多发达国家依据《SPS协定》、《TBT 协定》的规定制定采用比食典委国际标准更加严格的国家标准，既保护了本国消费者的健康权益，又保护了本国在国际食品贸易中的利益。[1]

二、中国采用《国际食品法典》的建议

（一）明确我国采用国际食品法典标准的目标

1. 完善我国食品安全标准体系。如上文所述，我国目前食品、农产品安全标准体系仍然不健全、不完善，有些标准缺失，有些标准相互间不协调甚至冲突，有些标准已经过时。食典委制定的食品添加剂、污染物、农药残留、兽药残留等标准，是在全

---

〔1〕 以日本为例，2003 年 10 月底，日本厚生劳动省公布了《食品中农药最高残留限量暂行标准》草案，在此暂行标准的起草过程中，参照的标准和法规包括国际食品法典的农药残留最高限量标准、其他国家按照联合国粮农组织/世界卫生组织农药残留联席会议以及联合国粮农组织/世界卫生组织食品添加剂专家联合委员会规定的在科学的毒性评估基础上制定的最高残留标准。

球范围内科学机构风险评估、暴露试验和毒理学试验基础上确定的。因此，我国积极合理采用国际食品法典标准，不仅可以提高我国现有的技术标准水平，而且可以增强国内国际标准的对接性，从而促进我国农产品及食品安全标准体系的完善。我国目前需要重点解决的是食品安全标准存在的重复、交叉和矛盾问题，进一步理顺食品标准的分类体系，理顺我国食品生产经营规范等过程标准，加强对企业生产经营过程控制的监管，鼓励行业和企业制定 HACCP 体系，更好地促进我国食品标准体系与国际食品法典标准和发达国家标准体系的协调。

2. 保证食品安全，保障消费者利益。随着社会经济的发展、科学技术的进步和人们生活质量的改善，消费者对食品安全的要求越来越高。经济全球化的发展、食品链的不断延伸及国际贸易自由化使食品安全风险不断加大，有必要从全球化的视角来关注农产品及食品的安全性对公众健康的影响。国际食品法典的宗旨之一就是保护消费者健康，并被国际社会所认可，因此，我国确保食品安全、保障消费者健康利益，必须使农产品及食品供应链的每个环节都有相应技术标准、安全标准。

3. 促进食品国际贸易公平实践。WTO 致力于促进国际贸易自由化，制约食品、农产品国际自由贸易的因素，除了关税壁垒外，主要是质量安全技术标准问题。WTO 允许成员方为维护本国人民的身体健康、动植物保护和环境安全而采用本国标准，反对利用技术法规、安全标准为国际自由贸易设置不合理的技术壁垒。我国入世后，农产品国际贸易、食品国际贸易也不断受到国外技术性贸易壁垒的冲击而遭受损失。因此，我国应该积极采用国际食品法典标准、有效参与食典委活动，提高我国应对国外技术贸易壁垒的能力，增强我国食品农产品的国际竞争力，或合理设置我国技术性壁垒促进农业国际化发展、促进国际食品贸易公平实践。

如上文所述，随着WTO《SPS协定》和《TBT协定》在国际贸易中发挥越来越重要的作用与影响，国际食品法典标准的性质和地位已经发生了实质性的变化，也得到了实质性的提高。中国作为发展中的大国，同时也是农产品及食品的生产、消费大国，食典委活动及所制定的标准与我国利益密切相关。食典委在其《宪章》中明确指出，其宗旨与目的在于保障消费者利益与促进食品贸易公平实践，我国采用国际食品法典标准的目标也应该与食典委的宗旨与目标相符合，我国积极争取国际食品标准制定过程中的主动性与话语权目的也在于保障消费者利益、保障食品贸易的公平实践。

（二）明确我国采用国际食品法典标准的基本原则

1. 立足国情的原则。我国采用国际食品法典标准应该立足我国国情，结合我国国情，从我国的实际情况出发，区分进口、出口与国内消费等不同情况，有选择的、有针对性的采用国际食品法典标准。

对于那些以进口为主而国内又缺乏相应标准的农产品及食品，农药残留、兽药残留、添加剂污染物等标准以及采样、分析检验方法与标准应采用国际食品法典标准；而对于以出口和国内消费为主的农产品及食品，要谨慎对待，将采用国际食品法典标准建立在科学验证和风险评估的基础上，防止在农产品及食品国际贸易中处于被动地位，授人以柄，或者给国内消费者带来不必要的恐慌。例如，我国制定的食品中镉限量标准与国际食品法典标准是一致的，但对面粉却提出比国际食品法典更加严格的要求。在中国膳食结构中粮食和蔬菜所占比例最大，依据1992年第三次全国营养调查，我国每人每日从各类食物中摄入镉的水平为105μg，超过了粮农组织/世卫组织食品添加剂专家联合委员会推荐的60μg 的每人每天耐受值。出于对我国国民的健康保护，根据我国特殊的膳食类型与消费习惯，我国决定不采用国际食品法典有关镉的建议限量值标准。

食典委提出了《关于科学在法典决策过程中的作用及在何种程度考虑其他因素的原则声明》特别指出“在制定和确定食品标准时，食品法典要酌情考虑和保护消费者健康及促进公平食品贸易有关的其他合理因素”。这表明在保证消费者健康的前提下，制定食品安全标准的内容必须考虑一国的经济发展水平和行业实际情况等各类因素的影响。脱离我国的实际情况，一味强调我国毫无保留的采用国际食品法典标准或者与国际食品法典标准等同的做法是不可取的。我们有权确定自己国家的动植物卫生保护和食品安全水平。在采用国际食品法典标准过程中，基于我国食品企业的生产情况与群众食品消费习惯，不断扩大采用国际食品法典标准的范围和数量。我国可以优先采用基础标准（通用标准）、抽样方法标准、分析与检测方法标准、高新技术标准和安全、卫生、环保等方面的标准，以便为制定协调配套的标准体系创造条件。[1] 我国作为发展中国家，在提高消费者健康保护水平、保障国内食品工业发展、促进食品国际贸易三者之间需要加以权衡，在保障消费者健康的前提下避免采用过严、过高而不切实际的食品安全标准，同时要加强对消费者的风险信息交流工作。[2]

---

〔1〕 例如，我国食品污染物监测数据表明畜禽肉类中铅的污染水平达0.123mg/kg，难以满足国际食品法典标准铅限量指标0.1mg/kg。我国铅污染一直是比较严重的环境问题，短时间内很难降低，只能在保证安全的情况下，根据实际检测水平适当放宽标准的限值，采用畜禽肉铅限量0.2mg/kg 的标准。再比如，国际食品法典标准规定在加工用花生的总黄曲霉毒素（B1、B2、G1、G2）限量为15μg/kg。由于我国地理条件和生产、贮藏技术条件的限制，出口花生种黄曲霉毒素 B1 含量较高，阳性样品中的总体污染水平在20.8μg/kg，所以目前我国还无法采用食典委这一限量标准。

〔2〕 樊永祥：“国际食品法典标准对建设我国食品安全标准体系的启示”，载《中国食品卫生杂志》2010 年第2 期。

2. 科学合理的原则。食品安全立法和标准制定及食品安全决策的主要依据是科学和有风险评估、风险管理和风险交流三要素组成的危险分析，这是食典委和主要发达国家目前通行的做法，以此保证食品安全标准具有科学性并确保消费者的健康安全。以农药兽药残留限量标准为例，没有科学可靠的风险评估数据，就无法制定残留限量标准，国际上通用的限量标准制定方法是：由风险评估机构首先对制定农药或兽药残留标准的农兽药的毒性进行毒理学试验和暴露评估，确定每日允许摄入量（ADI），然后根据适当的消费模式或饮食调查，评估每日残留摄入量（暴露量），根据暴露量与每日允许摄入量（ADI）值的比较，确定残留限量值。食典委的农药残留专家联席会议负责农药安全性毒理学评价，制定农药的每日允许摄入量（ADI）值，提出最高残留限量推荐值，然后由农药残留法典委员会制定食品中农药最高残留限量草案，再由食典委全体成员大会协商一致通过。

国际食品法典将科学作为制定法典标准的基础，虽然在制定标准时要酌情考虑和保护消费者健康及促进公平食品贸易有关的其他合理因素，但法典的标准、准则和其他建议仍以可靠的科学分析和证据为基础。因此食典委被 WTO 认可为世界三个标准化机构之一（另外两个分别为世界动物卫生组织 OIE 和国际植保公约 IPPC），食品法典标准被 WTO《SPS 协定》、《TBT 协定》确认为国际农产品及食品贸易仲裁的依据。

世界主要国家的食品安全标准或技术法规体系，均以风险评估、风险分析为食品安全监管与治理的重要基础。风险评估在食品安全领域的含义是指评价食品中存在的添加剂、污染物、毒素或致病生物对人类的健康所产生的潜在不利影响。[1] 风险评估、

---

〔1〕 唐伯军、周淑红："《实施卫生和植物卫生措施协定》措施和国际标准"，载《世界农业》2010 年第 2 期。

风险管理和风险信息交流共同构成了风险分析。粮农组织、世卫组织、世界贸易组织和食典委一致强调在国际或国家层面制定食品安全治理措施（包括法律、法规、政策、标准等）时，必须以风险评估的结果为主要依据。[1]

因此，我国应该遵循以科学研究和风险评估、风险分析为基础的基本原则，即通过风险分析来鉴别和评估危险的剂量反应特征，估计或测量暴露的能力，从而判断暴露的可能频率和对健康的影响程度。在科学验证和风险分析的基础上采用、转化国际食品法典标准，既不随意等同采用国际食品法典标准，也不任意提高或降低国际食品法典标准的要求。[2] 此外，我们不应仅仅着眼于单个的国际食品法典标准，而应注重食典委通过的国际食品法典的法典标准体系，逐步完善我国的食品标准体系，使我国的食品标准体系最大限度地与国际食品标准体系对接。

3. 依法规范的原则。我国食品安全法律法规是政府实施食品安全公共治理的强制性规范，它既是食品安全标准制定的依据，又是食品安全标准实施的保障。因此，任何时候，食品安全标准都不能超越法律之上，不能凌驾于法律之上。我国在采用国际食品法典标准过程中，要做到标准技术内容要求符合我国农业、食品相关法律法规。如何处理国际法与国内法的关系，一般而言有三种国际实践即并入式、转化式和混合式，鉴于我国处理国内法

---

〔1〕 门玉峰："我国现行食品安全监管体系存在的问题与对策研究"，载《黑龙江对外经贸》2009 年第 9 期。

〔2〕 如国际食品法典标准提出制定粮食中赭曲霉毒素 A 的限量值为 5μg/kg，而我国检测方法标准的最低检出限是 10μg/kg。这样，我们在没有对检测方法标准进行修订前就无法采用这一标准。同样，农药残留、兽药残留限量标准在这方面也存在较为突出的问题。可以说，我国目前农药残留监测的硬件设备与发达国家的差距在逐渐缩小，但是无法保证我国检测人员的责任心、业务素质及经验能够满足农药残留监测工作的要求，目前我国农药残留超标数据与真实情况的吻合程度也还有待于评估和验证，不可盲目采用国际食品法典标准。

与国际法（包括国际条约与国际习惯）的关系上没有明确采用并入式，《宪法》中没有作出明确统一的规定，因此，对于国际食品法典标准的内容与我国现有食品安全法律法规相抵触时，如需采用国际标准，只能采取修改或参照的方式，待我国相关法律法规修改、调整后再考虑采取等同方式。

（三）明确我国采用国际食品法典的具体原则

1. 促进市场、社会力量广泛参与。当前我国食品安全标准工作中发挥主要作用的仍然是政府，存在着重政府、轻社会，重标准制定、轻市场推广等问题，导致了部门脱节、地区分割，许多标准制定后没有实际使用，企业的主体作用没有充分发挥。事实上技术标准最终要由市场来检验，因此标准的市场导向十分重要。一方面，我们应该继续发挥政府在利用安全标准进行食品安全治理中的主导作用；另一方面，必须鼓励和促进市场力量、社会力量参与食品标准的制定，扶植市场力量成长，建立公私协作的社会参与机制，特别是要注重发挥行业协会和消费者组织的作用，行业协会可以代表企业的利益，成为标准制定与推广活动的重要力量，消费者组织维护消费者的合法权益，保障食品安全与消费者健康。

2. 灵活运用国际标准，注重自主创新。我国采用国际食品法典标准中存在重采标、轻自主制定，重标准、轻知识产权，忽略技术标准与知识产权之间关系的问题。因此，一方面要全面跟踪食典委及其各法典委员会的工作动态和发展趋势，大力提高采用国际食品法典标准的数量和质量，健全和完善我国农产品及食品技术标准体系；另一方面必须高度重视标准政策、知识产权政策和产业政策之间的协调与融合。在采用国际标准与国际接轨过程中，既要考虑《TBT 协定》和国际兼容问题，又要从国家整体利益出发，建立标准战略与知识产权战略的协调机制，通过研究技术、申请专利，注重自主创新，倡导自主知识产权标准的制定。

在我国拥有自主科学数据的食品安全领域，应坚持运用风险评估、风险分析的原则，自主地建立食品安全标准，以确保我国消费者适当的健康保护水平。在我国缺乏相关基础数据的领域，积极采纳世卫组织/粮农组织科学专家机构及其他公认科学机构的风险评估结果和科学数据，确立适合我国的风险管理措施。在上述情况均不能保证的情况下，合理采用国际食品法典标准，并积极参与法典标准的制定，最大限度地使法典标准符合我国利益。以上做法不仅符合世界贸易组织《SPS 协定》的原则与要求，我国在国际贸易领域也可占据有利地位。

3. 积极参与国际标准制定，注重国际合作。我国在积极采标的同时也应注重实质性参与国际食品法典标准的制定、修订工作，并充分表达我国的意见与立场，利用国际规则保护我国的权利和利益，逐步提升我国在国际食品法典标准体系中的地位与作用。国际食品法典标准是各成员共同协商、相互妥协的结果。应当强调的是大多数国际食品法典标准不是从零起步的，一般均建立在各国已有标准的基础之上。在国际食品法典标准起草过程中，发达国家利用本国食品法规体系健全、科学依据充足等优势，往往承担了牵头起草的角色，直接将本国现有的管理模式和技术指标引入到国际法典中，对法典文本产生直接影响。[1] 因此长期以来，发达国家和垄断企业通过国家标准、企业标准、国际标准组织和规则，控制了众多标准领域的主动权，制定了有利于自己的标准，通过市场势力、政府谈判、知识霸权等种种手段，维护有利于自己的标准秩序。为改变旧有的不合理的标准秩序和经济秩序，作为发展中国家大国的中国，要在自主创新的同

---

〔1〕 樊永祥：“国际食品法典标准对建设我国食品安全标准体系的启示”，载《中国食品卫生杂志》2010 年第 2 期。

时，积极开展国家与国家之间、区域与区域之间的技术、标准合作。具体而言，应该加强与各个成员的信息交流和部门联络，定期或不定期就国际食品法典标准的制定交换意见，探索在食典委议题中的合作；开展多种形式的农产品及食品安全论坛、学术讨论、人员培训、现场考察等活动；加强各国在风险分析方面的交流合作，促进各国风险评估人员、风险管理人员和相关利益者的相互沟通；建立农产品及食品安全信息共享机制，合作建立国家间农产品及食品安全管理、标准、检测、认证信息共享系统；加强国家间农产品及食品安全检测、认证的互认工作，为双方产品进入对方市场提供便捷服务。

（四）采用国际食品法典标准的方法及程序

1. 采用国际食品法典标准的方法。按照我国标准与国际食品法典标准的一致性程度，可以把采用国际食品法典标准的方法分为等同采用、修改采用两种。以前我国农产品及食品标准存在的参考国际食品法典标准不再属于采用国际标准的范围。

等同采用是指与食典委标准在技术内容和文本结构上相同，或者与食典委标准在技术内容相同，只存在少量编辑性修改。这种标准采用方法主要适用于完全符合我国国情、可直接使用的国际食品法典标准的采用，如部分国际食品法典方法标准、评价准则等。

修改采用是指与国际食品法典标准之间存在技术性差异，并清楚地标明这些差异以及解释其产生的原因，允许包含编辑性修改。修改采用不包括只保留国际食品法典标准中少量或者不重要的条款的情况。修改采用时，我国标准与国际食品法典标准在文本结构上应当对应，只有在不影响与国际食品法典标准的内容和文本结构进行比较的情况下才允许改变文本结构。修改采用适用于大部分标准内容符合我国国情需要的国际食品法典标准的采用，允许存在部分的技术性差异。[1]

2. 采用国际食品法典标准的程序。根据我国标准制定修订程序，结合采用国际标准的情况，我国在采用国际食品法典标准时，一般应有以下八个步骤。第一步，前期研究，对食典委制定的食品法典标准进行系统分析，即对拟采用的国际食品法典标准转化我国标准的适用性、可操作性等进行可行性研究和论证。第二步，提出建议，即相关当事方或农产品及食品标准化技术机构，对拟转化为我国标准的国际食品法典标准，向农产品及食品标准化管理部门提出采用标准项目建议，同时附上采用国际食品法典标准可行性研究和论证报告。第三步，立项，即有关农产品及食品标准化管理部门对采用国际食品法典标准进行立项审查，符合采用条件的，列入相应农产品及食品标准制定修订计划，并确定标准的起草单位。第四步，标准的起草，即标准起草单位负责起草标准草案，邀请有关科学、技术、生产、销售、检验检疫等领域的专家组成起草小组共同起草草案。起草的过程中需要依据科学原则开展相应的风险分析与风险评估试验与论证，同时需要考虑我国的生产力水平、产业发展情况和农产品、食品国际贸易等因素。第五步，征求意见，即起草小组要将标准草案送达相关的管理部门、科学机构、行业协会、消费者组织等广泛征求意见，对于采纳重要的国际食品法典标准还需要反复多次征求意见。第六步，审查，即有关农产品、食品标准化技术机构组织标准技术委员会委员及其他方面的专家共同对标准进行技术审查。第七步，批准发布，即标准起草工作小组根据审查意见，进一步完善标准草案。标准草案完成后，报送农产品及食品标准化审查机构对标准进行形式与技术的最终复核审查。符合发布条件的，

---

〔1〕 魏启文、崔野韩：《中国与国际食品法典》，世界知识出版社 2005 版，第 85～86 页。

由标准化审查机构提请农产品及食品标准化主管部门审批发布。第八步，出版发行，即农产品及食品标准化主管部门完成采用国际食品法典标准的审批后，交付相关出版机构印制并对外发行。对于我国非常急需的国际食品法典标准的采用，可以视其情况省略相应步骤。

（五）采用国际食品法典标准的具体措施

经济全球化背景下，许多国家一方面把技术或法规作为阻止国外农产品及食品进入本国市场的措施，另一方面积极利用世界贸易规则和国际标准来解决农产品及食品贸易争端，努力维护国家利益。因此我国也应该采取措施促进国际食品法典标准的采纳，消除贸易技术壁垒，扩大农产品及食品出口，同时大力进行技术创新、标准创新，提高农产品及食品安全水平，保障消费者健康。

1. 提高政府利用国际法典标准的治理能力，促进社会力量的积极参与。如上文所述，食品安全治理是政府的主要职责之一，政府在食品安全治理中发挥主导作用，政府应当不断提高利用食品法典标准的治理能力与服务水平，建立政府与社会各界的双向交流平台。中国食品法典协调小组的牵头部门应当组织相关技术机构，及时收集和发布食典委及食品法典标准信息，让各级农产品及食品管理部门、标准化管理机构、各级科学研究单位、农产品及食品生产经营企业及时了解国际食品法典的要求和动态，据此积极改进经营管理和生产技术，以适应国际市场的要求和应对国外的一些贸易壁垒。同时，要建立信息的反馈机制，收集社会各界对食典委的意见和主张，以便让参与食典委及其法典委员会活动的中国代表团或专家表达社会的关切，更好地参与法典标准的制定和维护我国的利益。

农产品及食品安全的主管部门应组织动员农产品、食品领域科学研究、技术推广、生产经营、行业协会、消费者组织以及新闻媒体等社会力量积极参与食品安全公共治理。大力普及农产品及食品安全标准知识，让企业负责人和技术人员熟悉标准，让社会公众了解标准，全面提高农产品及食品生产者、经营者、消费者的标准化意识和安全意识。吸纳社会各界、各方面的力量共同参与我国农产品及食品安全体系建设，切实落实国际食品法典安全标准，保障采用国际食品法典标准工作的推进和实施，不断改善农产品及食品安全水平，有效保障食品安全。

2. 行政管理与标准管理相结合，提高政府的标准管理能力。我国食品安全标准体系建设的许多问题都直接或间接与我国食品安全标准的管理体系相关。依据《中华人民共和国标准化法》的规定，国务院标准化行政主管部门统一管理全国的标准化工作，国务院有关行政主管部门分工管理本部门、本行业的标准化工作；省、自治区、直辖市标准化行政主管部门统一管理本行政区域的标准化工作；市、县标准化行政部门和有关行政主管部门，按照省、自治区、直辖市政府规定的各自职责，管理本行政区域内的标准化工作。而目前我国农产品、食品安全管理权限分属农业、商务、卫生、质检、工商、环保等众多部门，形成了多部门交叉管理的局面，严重影响了监督执法的权威性。标准体系管理部门和食品安全管理部门分属不同主管机构，这些机构之间缺乏充分的信息交流与沟通，导致管理工作中职责不清、政出多门、相互矛盾、重叠管理和管理缺位现象共存。因此，有必要将食品安全标准的管理与食品安全管理结合起来，对相关的质检、农业、卫生以及标委会等部门进行合理分工，有效开展食品安全标准工作，提高标准化工作的实效。根据《中华人民共和国食品安全法》及国务院颁布的《食品安全法实施细则》的要求，国务院卫生行政部门应当对现行的食用农产品质量安全标准、食品卫生标准、食品质量标准和有关食品的行业标准中强制执行的标准予以整合，统一公布为食品安全国家标准。对原有标准的整合和清理是一个复杂的过程，需要解决现有标准间存在的各类矛盾，要结合我国食品行业的实际情况、考虑我国食品进出口贸易因素，同时研究与借鉴国际食品标准。

提高政府的标准管理能力一方面要将采用、运用国际标准与建立我国标准体系相结合，另一方面要确保标准制定、修订程序的公开、透明。

虽然我国农产品及食品标准体系建设取得了长足进步，但仍然存在诸多问题。我国目前食品安全标准数量不少，各类食品标准共有5264项，基本涵盖了各个相关领域，但由于标准的管理部门较多、标准的种类和层级较多，导致我国现有食品标准体系较混乱，以卫生标准、质量标准、食用农产品质量标准和行业标准为主的标准之间存在交叉、重复和矛盾的问题。〔1〕食典委特别强调审查和制定法典标准应注重横向基础标准，采用以风险为基础和针对整个食物链的方法；在商品标准中确保食品产品的一般性质，并在保持包容性的同时，反映全球的变化差异，侧重基本特性，避免规定过细而可能引起的不必要的贸易限制。〔2〕我国在建设完善食品安全标准体系中可以借鉴食典委的经验与做法，将采用国际标准同完善我国的农产品及食品标准体结合起来，把适合我国国情的国际标准积极转化成我国各级标准，同时借鉴国际标准的制定规则、方法和程序，加快我国标准制定修订进程，尽快建立起既适应我国国情、又与国际接轨的农产品及食品安全标准体系。

---

〔1〕何翔：“食品安全国家标准体系建设研究”，中南大学2013年博士论文。

〔2〕樊永祥：“国际食品法典标准对建设我国食品安全标准体系的启示”，载《中国食品卫生杂志》2010年第2期。

我国应该注重食品标准制定程序的科学合理与公开透明。借鉴国际食品法典标准的制定程序，按照科学合理、分工明确的原则，提高标准制定修订工作的透明度和公众的参与度。吸收相关领域的科学技术专家、学者、企业组织和消费者组织等各方力量参与其中并广泛听取社会各界的意见与建议。食品标准的立项、起草、审查和公布全过程贯彻公开、透明的原则。建立标准制定的反馈机制，对标准制定、修订过程中的社会各界意见进行广泛收集与整理，并反馈在标准草案的制定中，从而推进我国标准制定工作。

3. 构建国际标准转化的技术平台，完善科技成果转化评价体系。如上文所述，我国应该加强对食典委及国际食品法典信息的收集与整理、研究与翻译工作，对于已收集到的食典委发布的标准、指南等技术文件，要定期向国内公众发布，分析和研究报告应在一定范围内公开。相关农产品及食品安全标准化技术机构应该在国际食品法典标准和国外先进标准的收集、整理、翻译、审核、核定和出版中发挥主要作用，并定期向政府有关部门和相关技术机构、生产经营企业通报相关信息。食品安全标准的制定需要以风险评估为科学基础，需要对科学技术信息及其不确定性信息进行系统研究，依据现有的科学数据对食品中某种生物、化学因素的暴露对人体健康产生的不良后果进行识别、确认和定量分析，确定有关健康危害的危险性，为有关农产品及食品安全的标准制定提出建议。我国在采用、转化国家标准时，必须结合我国的国情、经济与技术、消费文化与饮食习惯等因素进行相应的风险评估试验与研究论证。

当今社会，标准已经超越了技术范畴的本身，成为一种“先进生产力”的代表，“一流企业卖标准，二流技术卖技术，三流企业卖产品”已成为当今国际社会的一种普遍认同。标准化的本质是先进成熟的技术和实践经验的升华，标准化活动可以有效地推动科学技术的进步。所以，我国应当与时俱进地促进科技成果的转化与评价，改善科技成果评价的范围、对象、内容和方式方法，将标准化活动成果纳入科技成果评价范围。

4. 加速培养国际标准化人才。我国参与食典委的实践表明，我国对参与食典委的重视程度不断加强，参会人员越来越多，但与会的实际效果仍不尽人意。其他发展中国家，如印度、巴西、阿根廷、墨西哥、泰国、马来西亚等往往仅派出少数几名代表参会，但是在会议期间却非常活跃地发言、非常鲜明地表达观点，与沉闷的中国代表团形成鲜明对比，这表明参会人员的能力和素质十分关键。美国等发达国家对涉及多个政府部门参加食典委会议时，何人任代表团团长、团长的常任机制、团员的择选条件、国内利益相关方的参与规则、代表团的规模等都作出规定。[1]发达国家的经验表明标准化战略的核心实质就是人才战略。

我国应该注重培养既了解农产品及食品专业知识又掌握世界贸易规则、既知晓国际食品标准及其制定程序又熟悉相关法律、且能熟练运用外语的复合型高级人才。一是培养参与国际食品法典活动的管理专家。许多发达国家例如美国、英国、日本、法国、德国、加拿大、澳大利亚等国家每次都派出了规模庞大的代表团参与食典委活动，该代表团中相当一部分属于政府管理人员，这些人员既熟悉国内国情与政策，又了解食品法典及世贸规则，因此有能力在食品法典委员会的会议中阐述本国立场和观点。我国许多农产品及食品管理人员都是兼职的，专业性不强。

---

〔1〕 USDA：Duties of United States delegates and delegation members including Non－government members, available at http://www.fsis.usda.gov/Frame/ FrameRedirect.asp?main = http://www.fsis.usda.gov / OPPDE/rdad/frpubs/95 －054N.htm.

经济全球化背景下，我国越来越广泛深入的参与到食品、农产品国际贸易中，要求管理人员必须熟悉食品、农产品国际贸易规则，将标准化工作与突破技术壁垒、保障食品安全结合起来，使得我国的食品安全标准化工作提升到更高的水平。二是培养参与国际食品法典活动的技术专家。我国不缺乏农业、生物物理、生物化学和化学分析等领域的专家，但是缺乏既了解食品生产特性又熟悉风险评估的专家，缺乏既懂专业又能熟练运用外语的专家。这类人才的缺乏限制了我国在国际食品法典活动的主动权。因此，我们应选拔一批从事农产品、食品科技研究、生产加工、标准化研究的技术专家，对其加强世贸规则、国际食品法典标准、外语运用能力等方面的培训，使其成为食典委科学咨询机构的专家，使其能有效参与食典委各种会议，参与讨论、制定、修订、审议食品法典标准及相关文本。三是培养参与国际食品法典活动的法律专家。WTO 框架下《SPS 协定》、《TBT 协定》及《农业协定》不仅涉及技术问题，而且涉及国际法律事务，因此发达国家在参与食典委活动中，除了派出官员、技术专家外，还会派出法律专家参与。我国必须加紧培养一批能够参与和应对食典委等国际标准化组织活动的法律专家。

5. 充分发挥主持国的作用。我国目前是食品添加剂法典委员会和农药残留法典委员会的主持国。承担法典委员会的主持国是一国软实力的体现，我国应充分利用两个委员会主持国的地位，着力加强这两个领域的国家标准工作，以此推动国际标准。美国和加拿大分别担任食品卫生法典委员会和食品标签法典委员会的主持国多年，在相应领域的国家标准水平都处于世界前列。我国目前在添加剂领域和农药残留领域的监测、评估和标准制定能力都与主持国的地位不相称。要充分发挥主持国的作用，需要加强与食典委秘书处的合作，积极参与会议各项议题的准备，同时需要加强我国代表团和法典委员会秘书处的建设，这点在上文培养国际标准化人才部分已经阐述。

此外，还应特别注重两个方面：一是熟悉食典委及其法典委员会的议事规则；二是重视参与国际风险评估专家组织及其活动。

熟悉法典委员会的议事规则对于我国参与国际食品法典标准的制定、发挥主持国的作用非常重要。因为许多技术性较强的标准文本，关键的决策往往在标准文本起草工作组的讨论阶段作出，鉴于时间有限，标准文本草案在委员会会议上不可能开展深入讨论，因此即使有成员对文本草案提出反对意见或者提出新意见，也由于占多数的工作组成员的一致意见而使反对意见得不到采纳。因此，我国作为食品添加剂法典委员会和农药残留法典委员会的主持国应该十分重视标准草案起草阶段的工作。在我国曾经担任非发酵豆制品标准的牵头起草国工作中，由于不熟悉工作组的工作程序，起草工作组内各成员没有实现广泛参与，结果导致标准草稿由于某些成员的反对甚至不能在亚洲协调会上进行讨论。这样的经验教训值得我国在今后参会工作，尤其是担任主持国的工作中进行反思。

重视对国际风险评估专家组织及其活动的参与对于发挥我国的主持国作用也非常关键。实践表明联合国粮农组织/世界卫生组织食品添加剂专家联合委员会、农药残留联席会议和微生物风险评估联席专家会议对食品法典标准的制定工作有重要且直接的影响。根据食典委的议事规则与工作程序，添加剂、农药和兽药法典标准的制定，以食品添加剂专家联合委员会和农药残留联席会议的评估结果为前提；凡是没有经过食品添加剂专家联合委员会和农药残留联席会议评估的添加剂、农药和兽药，法典委员会不考虑纳入制标议程。因此我国对国际食品法典标准的重视不应该仅仅局限于对法典委员会会议的重视，还应该注重参与国际科学专家机构在化学、微生物学、毒理学、营养学等领域的风险评估活动，从而带动和提高我国在食品安全监测、风险评估、标准制定等领域的水平，进而保障我国食品添加剂法典委员会和农药残留法典委员会主持国作用的充分发挥。当然通过积极参与这些科学机构的风险评估活动，也可以在食典委制定国际食品标准中表达我国的意见与立场，在一定程度上可以保护我国的合法权益。

本章小结

我国近年来频发的食品安全事件引起了政府和社会对食品安全公共治理的广泛关注。食品安全的含义在不同的历史时期有着不同的理解。本文所探讨的食品安全是指食品无毒、无害、符合应当有的营养要求与国家法律、行政法规和强制性标准的要求，食品在生产、加工、包装、贮藏、运输、销售、消费等各个环节不存在危及人体健康和财产安全的不合理危险。食品安全公共治理可以理解为政府、市场、社会通过某种制度安排，对食品安全实施共同治理从而保证消费者获得他们期望的安全食品的过程。在这一过程中，政府、食品生产经营企业、行业组织和社会力量（消费者组织和新闻媒体）都是食品安全治理的主体。我国现阶段的食品安全公共治理中存在着政府食品安全治理效率低下，各治理主体间缺乏良性互动；食品安全标准体系、法规体系不健全；监控体系和风险评估体系不完善等问题。

政府在食品安全治理中发挥主导、引导作用。食品安全问题的解决需要政府制定一系列食品安全方面的公共政策、行政法规与安全标准。食品安全标准是为保证食品安全，保障公众身体健康，防止食源性疾病，对食品、添加剂、污染物、食品相关产品及其生产经营过程中的卫生安全要求作出的统一规定，属于强制性技术法规。食品安全标准是食品安全法律体系中的重要组成部分，是实现食品安全科学管理、规范食品生产经营行为、促进食品行业健康发展的技术保障，是保护公众健康、保障食品安全的重要措施，是食品安全公共治理的重要基础。因此，借鉴国际食品法典标准，建设、完善我国的食品安全标准体系对提高我国食品安全公共治理的实效非常重要。

我国加入 WTO 之后，为适应经济全球化的发展趋势，越来越重视食品国际贸易规则，对食典委的活动的参与度不断提高，采用国际食品安全标准的意识不断增强。但是实践中我国采用国际食品法典标准存在着采标率低、盲目采标、机械采标等问题，我国的食品标准体系存在着与国际食品法典标准体系不协调、内容结构不科学、食品标准互相重叠、冲突甚至缺失等问题。因此我国需要借鉴发达国家采用国际食品法典的经验来完善我国的食品标准体系。

第一，应该明确采用国际食品法典标准的目标，即完善我国食品安全标准体系、保证食品安全与保障消费者利益、促进食品国际贸易公平实践。第二，我国采用国际食品法典标准应该结合国情、依据科学合理的原则、符合我国的食品安全政策与法律法规。第三，明确我国采用国际食品法典的具体原则，即促进市场、社会力量广泛参与；灵活运用国际标准，注重自主创新；积极参与国际标准制定，注重国际合作。第四，我国可以通过等同采用、修改采用两种方法采用国际食品法典标准，同时确保采用程序公开、透明。第五，我国采用国际食品法典标准促进食品安全公共治理的具体措施，包括：提高政府利用国际法典标准的治理能力，促进社会力量的积极参与；行政管理与标准管理相结合，提高政府的标准管理能力；构建国际标准转化的技术平台，完善科技成果转化评价体系；加速培养国际标准化人才；充分发挥我国作为食品添加剂委员会和农药残留委员会主持国的作用。

附　录

一　食品法典委员会章程

第 1 条

食品法典委员会应按下文第 5 条的规定，负责就有关执行粮农组织/世界卫生组织联合食品标准计划的所有事项，向粮农组织和世卫组织总干事提出建议，并接受他们的咨询，其目的是：

（a）保护消费者健康，确保食品贸易的公平进行；

（b）促进国际政府与非政府组织所有食品标准工作的协调；

（c）确定优先次序，通过适当的组织并在其协助下发起和指导标准草案的拟 定工作；

（d）最终确定根据上文（c）款拟定的标准，并在切实可行的情况下，作为区域或全球标准与其他机构根据上文（b）款敲定的国际标准一同在《食品法典》中予以公布；

（e）根据形势发展酌情修改已公布的标准。

第 2 条

食品法典委员会向关注国际食品标准的粮农组织和世卫组织所有成员及准成员开放。成员包括那些向粮农组织或世卫组织总干事通报表示愿意作为成员考虑的国家。

第3条

目前尚不是食典委成员、但是对食典委工作特别关注的粮农组织或世卫组织成员或准成员，在向粮农组织或世卫组织总干事提出要求后，可酌情以观察员身份列席食品法典委员会及其附属机构的会议和特别会议。

第4条

非粮农组织或世卫组织成员国或准成员国的联合国成员国，应其要求，可依据粮农组织和世卫组织有关授予国家观察员地位的规定，受邀以观察员身份出席食典委会议。

第5条

食典委应分别通过粮农组织和世卫组织总干事，向粮农组织大会和世卫组织适当机构报告并提出建议。包括所有结论和建议在内的报告完成后应立即分发给相关成员国和国际组织，供其参阅。

第6条

食典委应设立执行委员会，其组成应确保食典委成员所属的世界各个地理区域都有充分的代表。休会期间，执行委员会将作为食品法典委员会的执行机构。

第7条

如有必要的经费，食典委可设立完成其任务所必需的其他附属机构。

第 8 条

根据粮农组织和世卫组织两组织议事程序的规定，食典委可自行通过和修正其《议事规则》，但需经粮农组织和世卫组织两总干事批准后生效。

第 9 条

食典委及其附属机构的工作经费应由粮农组织和世卫组织联合食品标准计划的预算承担，并由粮农组织依据粮农组织的财务条例代表两组织执行，由成员接受主持的附属机构的工作经费除外。粮农组织和世卫组织两总干事应共同决定联合食品标准计划费用中应由各自组织承担的部分，并拟定相应的年度开支预算，以便列入两组织正常预算提请相应领导机构批准。

第 10 条

食典委成员就拟定标准草案进行的准备工作所涉及的全部费用（包括有关会议、文件和翻译的费用），不论是独自开展或是根据食典委的建议，均应由相关政府支付。然而，食典委可建议在经批准的预算范围内，把由国家政府代表食典委进行准备工作的特定支出部分认定为食典委的工作经费。

二 食品法典委员会议事规则

规则Ⅰ 成员资格

1. 所有粮农组织和/或世卫组织成员和准成员均可成为粮农组织/世卫组织联合食品法典委员会（以下简称“食典委”）的

成员。

2. 成员应包括已通知粮农组织总干事或世卫组织总干事，表示希望成为食典委成员的符合资格的国家。

3. 成员还应包括通知粮农组织总干事或世卫组织总干事希望被视为食典委成员的区域经济一体化组织。

4. 食典委各成员国应在食典委每届会议开幕前，将代表团团长姓名（可能的话，包括代表团其他团员的姓名）告知粮农组织总干事或世卫组织总干事。

规则Ⅱ　成员组织?

1. 成员组织应与其作为食典委成员的成员国在各自权限领域内交替行使成员权利。

2. 针对其权限范围内的事宜，成员组织应有权参加其任一成员国有权参加的食典委或其附属机构会议。这并不妨碍成员国可以提出或支持成员组织在所属权限领域的立场。

3. 在其根据第 2 段规定有资格参加的所有食典委或附属机构会议上，成员组织均可对其权限范围内的事宜行使表决权，表决票数为有资格在此类会议上表决且在表决时在场的成员国数量。如成员组织行使表决权，其成员国则不得行使其表决权，反之亦然。

4. 成员组织不应享有选举和被选举权，也不得在食典委或其附属机构中设立办事机构。成员组织不得参加食典委及其附属机构任何职位的选举。

5. 在成员组织有权参加的食典委或其附属机构会议召开之前，成员组织或其成员国应当以书面形式说明，成员组织和成员国在会议将审议的任何具体问题方面谁享有权限，在任何具体议程方面谁应当行使表决权。本款规定不妨碍成员组织或其成员国在成员组织有权参加的食典委和每个附属机构中为本款目的发表单项声明，该项声明应对随后所有会议将审议的问题和议题有效，例外情况或更正可在每次会议之前进行说明。

6. 食典委任何成员均可要求成员组织或其成员国就成员组织和其成员国在具体问题的权限提供信息。相关的成员组织或成员国应按要求提供此类信息。

7. 如议题同时涉及权限已转交成员组织的事项和权限属成员国的事项，成员组织和其成员国均可参加讨论。在此种情况下，会议在做出决定时应仅考虑有权表决一方的发言。

8. 按照规则Ⅵ第7段的规定，为确定法定人数，如成员组织有权对相关议题进行表决，其代表团的应计票数应与有权参加会议并在寻求法定人数之时在场的成员国数量相等。

规则Ⅲ　官员

1. 食典委应从其成员国的代表团团长、副团长和顾问（以下简称“代表”）中选举主席一人，副主席三人；未经代表团团长同意，任何代表都无资格当选。主席和副主席应在每届会议上选举产生，任职时间从其当选的那届会议结束时起到下届例会结束时止。主席和副主席只有在其当选时所代表的食典委成员继续赞同的情况下才可继续任职。粮农组织和世卫组织两总干事在接到食典委成员通知，表示此种赞同已经终止时，即宣布此一职位空缺。主席和副主席可以连选连任两次，前提条件是到第二个任期结束时其任期没有超过两年。

2. 主席应主持食典委会议，并行使促进食典委工作所需的其他职能，主席缺席时由一位副主席主持。代理主席职务的副主席与主席享有同等的权利和责任。

3. 如主席和副主席都不能履行职责，应将卸任主席的请求，粮农组织和世卫组织两总干事应在选举主席期间指定一名职工代理主席职务，直至临时主席或新的主席选举产生为止。选举产生临时主席的任期直到主席或副主席之一能够再度履行职责时为止。

食典委可从食典委成员代表中指定一名或多名报告人。

粮农组织和世卫组织两总干事应从两个组织的职工中任命一名食典委秘书，以及协助官员和秘书履行食典委一切工作职责所需的其他官员，这些官员同样对两总干事负责。

规则Ⅳ　协调员

1. 食典委可根据构成区域或国家集团的多数食典委成员的提议，从食典委成员中为规则Ⅴ.1 中列述的地理区域（以下简称“区域”）或食典委特别列出的国家集团（以下简称“国家集团”）任命协调员，协调员应相关国家的要求为《食品法典》开展工作。

2. 协调员的任命应完全依据所属有关地区或国家集团多数食典委成员的建议。原则上，协调员应根据规则Ⅺ.1（b）（ii）在相关协调委员会召开的每届会议上进行提名，在随后一届委员会例会上任命，任期从该届会议结束时起。协调员可以连任两期。食典委应做出必要安排，确保协调员职能的连续性。

3. 协调员的职能应当包括：

（a）任命按照规则Ⅺ.1（b）（ii）成立的相关地区或国家集团协调委员会的主席；

（b）协助并协调其所在地区或国家集团根据规则Ⅺ.1（b）（i）设立的法典委员会的工作，即拟定标准草案、准则及其他建议，提交食典委审议；

（c）按要求协助执行委员会和食典委，反映其所在地区的国家、区域性政府间组织和非政府组织对正在讨论或关注问题的观点。

规则Ⅴ 执行委员会

1. 执行委员会应由食典委主席和副主席、根据规则Ⅳ指派的协调员以及另外七名委员组成。这七名委员由食典委在例会上从食典委成员中选举产生，下列地理区域每个区域产生一名：非洲、亚洲、欧洲、拉丁美洲和加勒比地区、近东、北美洲、西南太平洋地区。任何国家的代表担任执行委员会委员者不得超过一名。按地理区域选举产生的执行委员任期从他们当选的那届食典委会议结束时起，到第二年例会结束时止。如果他们在当前任期内任职未超过两年，可连选连任，但是在连续两届任期后，在接着的下一个任期不得再担任此职。按地理区域选举产生的委员在执行委员会内要考虑食典委的整体利益行事。

2. 食典委休会期间，执行委员会作为代表食典委的执行机构。尤其是，执行委员会可就总体方向、战略规划和工作计划向食典委提出建议，研究特殊问题，并应通过严格审查工作建议和监督标准制定进展来协助管理食典委的标准制定计划。

3. 执行委员会应审议粮农组织和世卫组织两总干事提出的特别事项，以及规则XIII. 1 所述食典委拟议工作计划的支出预算。

4. 执行委员会认为必要时，可在其成员国中设立能够协助其尽可能有效行使职能的分委会。分委会应有数量限制，开展预备性工作，并对执行委员会负责。执行委员会应任命一名食典委副主席兼任某个分委会主席。应考虑分委会成员地理区域的适当平衡。

5. 食典委主席和副主席应分别出任执行委员会的主席和副主席。

6. 凡有必要，粮农组织和世卫组织两总干事可在征询执行委员会主席意见之后，召集执行委员会会议。执行委员会通常应在每届食典委会议召开之前举行。

7. 执行委员会应对食典委负责。

规则Ⅵ　会议

1. 食典委原则上每年在粮农组织或世卫组织总部举行一次例会。如粮农组织和世卫组织两总干事认为有必要，在征询执行委员会主席的意见后，可另外召开会议。

2. 食典委会议应由粮农组织和世卫组织两总干事召集，会议举行地点由两总干事酌情与东道国当局磋商后确定。

3. 每届食典委会议的时间和地点应至少在会前两个月通知食典委全体成员。

4. 每个食典委成员应派1名代表团团长，在1名或多名副团长和代表团成员的陪同下出席会议。

5. 在食典委全体会议上，各成员代表团团长可指定1名副团长。副团长应拥有代表其代表团就任何问题进行发言和表决的权利。此外，应团长或指定的任何副团长要求，主席可允许代表团顾问就任何特定问题发言。

6. 食典委会议应公开举行，除非食典委另有决定。

7. 就对修正食典委《章程》提出建议和依据规则ⅩⅤ.1通过对现行《议事规则》的修正案或增补议案而言，食典委多数成员应形成法定人数。就所有其他目的而言，出席会议的食典委多数成员即形成法定人数，前提条件是这个多数应当不少于食典委全体成员总数的20%，即不少于25个成员。此外，在修正或通过某一特定区域或国家集团的拟议标准时，食典委法定人数中应包括所属相关区域或国家集团三分之一的成员。

规则Ⅶ　议程

1. 粮农组织和世卫组织两总干事应在征询食典委主席或执行委员会的意见后为每届食典委会议拟定临时议程。

2. 临时议程的第一项议题应是通过议程。

3. 任何食典委的成员均可请求粮农组织或世卫组织总干事将特定议题列入临时议程。

4. 临时议程应由粮农组织或世卫组织总干事在会议开幕前至少两个月分发给所有食典委成员。

5. 临时议程发出后，食典委任何成员，以及粮农组织和世卫组织两总干事均可就紧急问题提议将特定议题列入议程。这些事项应列入一份补充项目清单，若时间允许，此清单应在会前由粮农组织和世卫组织两总干事分发给所有食典委成员，若时间来不及，则应将此补充项目清单送交主席并提交食典委。

6. 由粮农组织和世卫组织领导机构或总干事列入议程的议题均不得从议程上删除。议程通过后，食典委经三分之二的多数意见可通过删除、增补或修改其他任何议题的方式修正议程。

7. 准备在任何一届会议上提交给食典委的文件，应由粮农组织和世卫组织两总干事提供给食典委所有成员，以观察员身份列席会议的其他合格国家和受邀以观察员身份列席会议的非成员国家和国际组织。原则上，应在即将讨论这些文件的会议召开前至少两个月分发文件。

规则Ⅷ　表决及程序

1. 根据本规则第 3 段的规定，每个食典委的成员应拥有一票。除非是替代代表团团长，否则副团长或顾问不应享有表决权。

2. 除本规则另有规定外，食典委的决定应依据投票数的多数意见。

3. 应特定地区或国家集团的多数食典委成员要求制定一项标准时，相关标准应作为主要适用于该地区或国家集团的标准予以制定。在对制定、修正或通过一项主要适用于某一地区或国家集团的标准草案进行表决时，只有属于这一地区或国家集团的成员国才可参加投票。然而，只有在把文本草案提交给食典委所有成员征求意见之后，才可通过这项标准。本段规定不应影响制定或通过一项具有不同地域适用范围的相应标准。

4. 根据本规则第5段和规则Ⅻ第2段的规定，任何食典委成员均可要求唱名表决，在唱名表决时，每一成员的投票都应记录在案。

5. 选举应通过无记名投票决定，但如果候选人数目不超过空缺职位数目，主席可向食典委建议，选举由明确的普遍同意通过。如食典委认可，则其他所有事项也应通过无记名投票决定。

6. 有关议程议题的正式建议和修正案应以书面方式提出并交给主席，主席应将它们分发给食典委成员的代表。

7. 《粮农组织总则》第Ⅻ条的规定经适当变通应适用于本规则中规则Ⅷ没有具体规定的所有事项。

规则Ⅸ　观察员

1. 目前尚不是食典委成员、但对食典委工作特别关注的粮农组织或世卫组织成员国或准成员国，在向粮农组织或世卫组织总干事提出要求后，可以观察员身份列席食品法典委员会及其附属机构的会议。观察员可以提交备忘录并参加讨论，但不得表决。

2. 非粮农组织或世卫组织成员国或准成员国的联合国成员，应其要求并根据粮农组织大会和世界卫生大会通过的授予国家观察员地位的规定，可受邀以观察员身份列席食典委及其附属机构的会议。应邀参会国家的地位应按粮农组织大会通过的相关规定进行管理。

3. 食典委的任何成员均可以观察员身份列席附属机构的会议，并可提交备忘录并参加讨论，但无表决权。

4. 根据本规则第5段和第6段的规定，粮农组织或世卫组织总干事可邀请政府间组织和国际非政府组织以观察员身份列席食典委及其附属机构会议。

5. 政府间组织参与食典委工作以及食典委与这些组织之间的关系，应参照粮农组织或世卫组织《章程》的有关规定，以及粮农组织或世卫组织关于与政府间组织关系的适用规定进行管理；这些关系应由粮农组织或世卫组织总干事酌情处理。

6. 国际非政府组织参与食典委工作以及食典委与这些组织之间的关系，应参照粮农组织或世卫组织《章程》的有关规定，以及粮农组织或世卫组织关于与政府间组织关系的适用规定进行管理。这些关系应由粮农组织或世卫组织总干事根据执委会建议酌情处理。食典委应制定并持续审议国际非政府组织参与食典委工作的原则和标准，确保与粮农组织或世卫组织的相关规定保持一致。

规则X　记录和报告

1. 每届食典委会议均应通过一项报告，收录会议的意见、建议和结论，包括按要求说明少数意见。食典委可能决定使用的其他记录也应保留。

2. 食典委报告应在每届会议结束时呈送给粮农组织和世卫组织两总干事，由其分发给食典委成员、其他国家和派代表参加会议的组织，供其参阅，并根据需求分发给粮农组织和世卫组织的其他成员国和准成员。

3. 对粮农组织和/或世卫组织相关政策、计划或财务方面有影响的食典委建议应由两总干事提请粮农组织和/或世卫组织领导机构注意，以采取适当行动。

4. 根据上一段的规定，粮农组织和世卫组织两总干事可要求食典委成员向食典委提供根据食典委建议所采取行动的相关资料。

规则Ⅺ　附属机构

1. 食典委可设立下列类型的附属机构：

(a) 完成标准草案定稿工作所需的附属机构；

(b) 以下形式的附属机构：

(i) 法典委员会，其任务是拟定提交给食典委的标准草案，无论是供全球使用的标准，还是供某一特定区域或食典委列举的某一国家集团使用的标准。

(ii) 区域或国家集团协调委员会，在拟定相关区域或国家集团的标准过程中行使总体协调职责，以及可能受托而履行的其他职责。

2. 如下文第3段规定，附属机构成员应包括已通报粮农组织或世卫组织总干事表示希望成为成员的食典委成员，或由食典委指定的部分成员，具体方式由食典委确定。

3. 根据本规则Ⅺ.1 (b) (i) 规定设立的旨在主要为一个地区或国家集团拟定标准草案的附属机构，仅面向属于这一地区或国家集团的食典委成员开放。

4. 附属机构成员代表应尽可能连续任职，且应当是在各自附属机构领域内非常活跃的专家。

5. 附属机构只能由食典委设立，本规则另有规定除外。附属机构的职权范围和报告程序应由食典委决定。

6. 附属机构会议应由粮农组织和世卫组织两总干事召集：

（a）根据规则Ⅺ.1（a）设立的机构，应征询食典委主席的意见；

（b）根据规则Ⅺ.1（b）（i）设立的机构（法典委员会），征询各有关法典委员会主席的意见；针对负责制定某一特定区域或国家集团标准草案的法典委员会，如果该地区或国家集团已指派了协调员，则还应征询协调员的意见；

（c）根据规则Ⅺ.1（b）（ii）设立的机构（协调委员会），应征询有关协调委员会主席的意见。

7. 粮农组织和世卫组织两总干事在征询有关东道国的意见后决定；根据规则Ⅺ.1（b）（ii）设立的机构，如果有协调员的话，则需在征询有关区域或国家集团协调员的意见后决定。

8. 根据规则Ⅺ.1（a）设立机构每届会议的时间和地点，应至少在会前两个月通知食典委所有成员。

9. 根据规则Ⅺ.1（a）和规则Ⅺ.1（b）（ii）设立附属机构应视所需资金能否获得决定；就根据Ⅺ.1（b）（i）设立附属机构而言，如果此类附属机构的任何费用根据食典《章程》第10条规定被提议作为食典委预算内的工作经费时，则此类机构的设立也应视所需资金能否获得决定。食典委在就设立此类附属机构涉及的支出做出任何决定前，应收到由粮农组织和/或世卫组织总干事关于此事酌情提供的管理和财政影响报告。

10. 负责任命根据规则Ⅺ.1（b）（i）设立的附属机构主席的成员，应在每届食典委会议上确定下来，并有资格连任。附属机构的所有其他官员由相关机构选举产生，并可连选连任。

11. 食典委的《议事规则》经适当变通应适用于其附属机构。

规则Ⅻ　标准的制定和通过

1. 根据本规则的规定，食典委可确定世界性标准和适用于某一特定区域或国家集团的标准的制定程序，必要时对这些程序进行修正。

2. 食典委应为通过或修正标准达成一致意见做出最大努力。只有当达成一致意见的努力不能奏效时，才可以投票方式决定标准是否通过或修正。

规则XIII　预算和支出

1. 粮农组织和世卫组织两总干事应根据食典委及其附属机构拟议的工作计划以及上一财务周期的支出情况编制预算，供食典委在其例会上审议。经两总干事根据食典委提出建议适当修改的预算额，应纳入两个组织的正常预算，呈请适当的领导机构批准。

2. 支出测算中应包括食典委及根据规则Ⅺ.1（a）和Ⅺ.1（b）（ii）设立的食典委附属机构的工作经费，联合食品标准计划的职工费用，以及为后者提供后勤服务的其他开支。

3. 支出测算应包括执行委员会中发展中国家成员参加执委会会议发生的旅费（包括每日生活津贴）。

4. 根据规则Ⅵ.1（b）（i）设立的附属机构（法典委员会）的工作经费应由接受该机构主席职位的成员国承担。支出测算中可包括筹备工作中依据食典委《章程》第10条规定认定为食典委工作经费的费用。

5. 除规则XIII.3的规定外，支出测算不提供食典委成员代表团或规则Ⅸ中提及的观察员参加食典委或其附属机构会议时发生的费用，包括旅费。如果粮农组织或世卫组织总干事邀请专家以个人身份参加食典委及其附属机构的会议，他们的费用应从食典委工作的正常预算经费中支付。

规则XIV 语言

1. 食典委及根据规则XI.1（a）设立的附属机构所使用的语言应不少于既是粮农组织又是世界卫生大会工作语言中的三种，具体由食典委决定。

2. 尽管有上面第1段的规定，但在以下情况下，食典委仍可增设其他属于粮农组织或世界卫生大会工作语言的语言：

（a）食典委接到粮农组织和世卫组织两总干事关于增设此类语言对政策、财务和管理影响的报告；

（b）增设此类语言得到粮农组织和世卫组织两总干事的批准。

3. 如果某一代表希望使用的语言并非食典委工作语言，那么应由其自行提供必要的同传和/或笔译，将其翻译为食典委的工作语言之一。

4. 在不违背本规则第3段规定的情况下，根据规则XI.1（b）设立的附属机构使用的语言应至少包括食典委使用的两种语言。

规则XV 规则的修正和废止

1. 如果提前24小时提供对本规则进行修正或增补的建议，可经由投票数的三分之二多数通过修正或增补议案。根据粮农组织和世卫组织两个组织的确认程序规定，对本规则的修正或增补需经粮农组织和世卫组织两总干事批准后生效。

2. 如果提前24小时通报废除食典委规则（除规则Ⅰ，规则Ⅲ.1，2，3和5，规则Ⅴ，规则Ⅵ.2和7，规则Ⅶ.1、4和6节，规则Ⅷ.1、2和3，规则Ⅸ，规则Ⅹ.3和4，规则Ⅺ.5、7和9，规则ⅫⅠ，规则ⅩⅤ和规则ⅩⅥ外）的提案，可由食典委经投票数的三分之二多数予以废除。如果食典委成员中没有任何代表反对，可以免除此类通报。

规则ⅩⅥ　生效

1. 依据食典委《章程》第8条，以及粮农组织和世卫组织两组织程序的确认规定，《议事规则》需经粮农组织和世卫组织两总干事批准后生效。生效前，这些规则将暂时适用。

三　食品法典通用原则

《食品法典》的宗旨

1. 《食品法典》汇集了全球通过的、以统一方式呈现的食品标准及相关文本。这些食品标准及相关文本旨在保护消费者健康，确保食品贸易公平。发行《食品法典》目的是指导并促进食品定义与要求的制定，推动其协调统一，并借以推进国际贸易。

《食品法典》的范畴

2. 《食品法典》包括所有面向消费者提供食品的标准，无论是加工、半加工还是未加工食品。供进一步加工成食品的原料也应视必要性包括在内，实现《食品法典》规定的宗旨。《食品法典》包括食品卫生、食品添加剂、农药和兽药残留、污染物、标签及其描述、分析与采样方法以及进出口检验和认证方面的规定。

法典标准的性质

3. 法典标准及相关文本不能取代国家立法，也不能作为国家立法的备选方案。每个国家法律和管理程序都包含一些必须遵守的规定。

4. 法典标准及相关文本包括对食品的各种要求，旨在确保为消费提供安全健康、没有掺假的食品，且要保证食品的正确标签及描述。所有食品的法典标准均应按照法典商品标准的格式，并酌情包含下文列出的内容。

法典标准的修订

5. 食品法典委员会及其附属机构有义务视需要修订各项法典标准及相关文本，确保其反映当前的科学知识及其他相关信息，并与之保持一致。如有要求，某项标准或相关文本应遵循《法典标准及相关文本的制定程序》进行修订或撤销。食品法典委员会的每个成员都有责任明确有助于修订现行法典标准或相关文本的新的科学性及其他相关信息，将其提供给相关委员会。

四　食品法典使用的定义

在《食品法典》范围内：

食品是指供人类食用的任何加工、半加工或未加工物质，包括饮料、口香糖及用于生产、制作或处理“食品”的物质，但不包括化妆品、烟草，或仅作为药物使用的物质。

食品卫生指生产、加工、储存和销售食品时，为保证提供适合人类食用的安全、完好、健康的产品而提供的必要条件和措施。

食品添加剂指无论有无营养价值，其本身通常都不作为食品食用，也不作为食品中常见配料的物质，在食品中有意添加该物质的原因是出于生产、加工、制作、处理、打包、包装、运输或处理过程中的工艺性用途（包括影响感官的），希望它（直接或间接）合理地成为食品的一部分，或其副产品成为食品的一部分，否则会影响食品的特性。本术语不包括“污染物”或为保持或高营养品质所添加的物质。

食品添加剂使用的良好操作规范指：

食品中添加的添加剂数量不超过在食品中产生预期物理性、营养性或其他工艺性作用的合理需要量；

因在食品制造、加工或包装过程中使用，但目的并非对食品本身产生任何物理或其他工艺作用而成为食品成分的添加剂应尽可能降低使用量；

添加剂应是适宜的食品级质量，按食品配料成分进行制备和处理。达到食品级质量是指应整体符合安全性的规定，而不是符合个别的标准。

加工助剂指在原材料、食品或食品成分加工时为满足处理或加工的工艺需求有意使用的物质或材料（不包括设备或器具），其本身并不作为食品成分摄入，且其使用可能导致最终产品存在非故意但又无法避免的残留物或衍生物。

污染物指并非有意添加于食品或用于饲喂动物的饲料，而是在此类食品或饲料生产（包括田间作业、畜牧生产和兽医活动）、加工、制作、处理、打包、包装、运输或盛放过程中存在，或因环境污染而进入食品中的物质。本术语不包括虫体、鼠毛及其他异物。

食品或饲料商品中污染物的法典最高限量指食品法典委员会推荐物质在商品中合法允许的最高浓度。

农药指任何用于防治、杀灭、吸引、驱赶或控制有害生物，包括食品、农产品或动物饲料生产、储存、运输、销售和加工过程中出现的有害植物或动物品种，或用于控制动物体外寄生虫的物质。本术语包括作为植物生长调节剂、落叶剂、干燥剂、疏果剂或发芽抑制剂的物质，以及在作物收获前后用来防止储存、运输过程中产品腐败的物质。本术语通常不包括肥料、植物和动物营养物、食品添加剂和兽药。

农药残留指由于使用农药而存在于食品、农产品或动物饲料中的任何特定物质。这一术语包括农药衍生物，如转化物、代谢物、反应产物以及被认为具有显著毒性的杂质。

农药残留的法典最高限量（MRL）指由食品法典委员会提出的，在食品和动物饲料内部或表面法定允许的农药残留最高浓度（以 mg/kg 表示）。MRL 是根据良好农业规范数据确定的，用符合 MRL 规定的产品生产出的食品从毒理学角度评价是可接受的。

法典 MRL 主要适用于国际贸易，在粮农组织/世卫组织农药残留联席会议（JMPR）根据以下资料测算的基础上确定：

（a）对农药及其残留量的毒理学评估；

（b）对规范试验和规范使用残留数据的审查，包括反映国家良好农业规范的残留数据。审查中包含了在国家推荐、批准或登记最高使用水平开展的规范试验数据。为适应各国对有害生物防治的不同要求，法典 MRLs 采用了规范试验得出的较高水平，这一水平能够反映有效的有害生物防治做法。

对于不同膳食残留摄入估计值的考虑，以及对照每日容许摄入量（ADI）确定国家和国际层面的最高限量都应表明，符合法典 MRL 的食品是可供人类安全食用的。

农药使用方面的良好农业规范（GAP）包括在实际情况下为有效可靠地防治有害生物而采用的官方批准农药安全施用。它包括在不超过最高批准限量范围内一系列不同的农药施用量，施用时须保证将其残留量控制到最低水平。

农药安全使用应在国家层面批准，包括国家登记或推荐的使用，要考虑公众和职业健康，以及环境安全。

实际情况包括食品和动物饲料的生产、储存、运输、销售和加工过程中的任何阶段。

兽药指出于治疗、预防或诊断目的或以调整生理机能或行为目的而用于食品动物的物质，例如产肉或产奶动物、禽类、鱼或蜜蜂。

兽药残留包括动物产品的任何可食用部分中残留的化合物原药和/或其代谢物，及兽药相关杂质的残留。

兽药残留的法典最高限量（MRL）指由食品法典委员会提出的，在食品内或表面法定允许或认为可以接受的因使用某种兽药而残留的最高浓度（根据鲜重以 mg/kg 或 μg/kg 表示）。

它是根据被认为对人体健康无任何毒理学危害的残留方式和残留量（以 ADI 表示）确定的，或根据运用一项附加安全系数制定的临时 ADI 确定。同时考虑了其他相关的公共卫生风险以及食品工艺问题。

在确定一项 MRL 时，还要考虑植物源食品和/或环境中的残留问题。另外，为了与兽药良好使用规范相一致并考虑到现有的实际分析方法，MRL 值可能会相应地调低。

兽药的良好使用规范指官方推荐或批准的正常条件下的兽药使用，包括国家主管部门批准的兽药停药期。

可追溯性/产品追溯：在特定的生产、加工和销售阶段跟踪食品流通的能力。

五 食品法典标准和相关文本的制定程序

引言

制定法典标准的完整程序如下：

1. 食典委应根据战略规划进程（“标准管理”）进行决策，在标准制定方面实施统一的方法（见本文件第1部分）。

2. 一项持续进行的严格审查应确保提交食典委通过的新工作建议和标准草案始终符合食典委的战略重点，并能考虑到科学专家意见的要求和可用性，在合理的时间内完成（见本文件第2部分）。

3. 结合执行委员会持续开展的严格审查结果，食典委决定应制定某项食品法典标准，并决定应由哪个附属机构或其他机构承担这项工作。制定食品法典标准的决策也可由食典委附属机构根据上述结果做出，但在决策之后需尽快获得食典委批准。秘书处安排起草一份“拟议标准草案”，向各国政府征求意见，然后由相关附属机构根据这些意见对其加以审议，再将文本作为“标准草案”提交食典委。如获食典委通过，这一“标准草案”将送交各国政府再次征求意见。根据这些意见，经相关附属机构复审之后，食典委对该草案再次审议，并将其作为一项“法典标准”予以通过。本文件第3部分对该程序进行了详细描述。

4. 食典委或任何附属机构在经食典委确认后，均可因制定某项食品法典标准的急迫性而决定采用加速制定程序。做出这样的决定时应对所有有关事项加以考虑，包括在近期可以获得新的科学信息的可能性。关于加速制定程序，见本文件第4部分。

5. 食典委或附属机构或其他有关机构可决定将草案退回到本程序中任何适当的上一步骤，进一步开展工作。食典委也可决定让该草案停留在步骤8。

6. 如受托起草草案的法典委员会提出建议，食典委可根据表决的三分之二多数票授权省略步骤6和步骤7。关于省略步骤的建议应在相关法典委员会会议结束后尽快通知成员国和相关国际组织。在撰写省略步骤6和步骤7的建议时，法典委员会应考虑所有有关事项，包括加急的必要性，以及在不久的将来可以获得新的科学信息的可能性。

7. 食典委可在制定某项标准的任一阶段将余下各步骤的工作从原受托机构转给另外一个法典委员会或其他机构。

8. 食典委本身应不断对"法典标准"的修订进行审议。制定法典标准的程序经适当变通后可作为修订程序，不过如果按照食典委的意见，某个法典委员会提出的一项修正案是编辑性的或虽是实质性的但可根据食典委在步骤8通过的类似标准规定作相应修改，食典委可以决定省略该程序中其他任何一个或几个步骤。

9. 法典标准及相关文本应予以公布，并发送给各国政府以及已获得其成员国转交此事项方面权限的国际组织（见本文件第5部分）

第1部分　战略规划进程

1. 考虑到《确定工作重点的标准》，战略规划应阐明宏观重点，以便在严格审查过程中对照这些重点评价各项标准提案（和标准修订）。

2. 战略规划应包括六年的周期，每两年滚动性更新。

第2部分　严格审查

开展新工作或修订某项标准的提案

1. 在批准制定之前，每项新工作或修订标准的提案均应附带一份项目文件，由提出新工作或修订某项标准的委员会或成员编写，项目文件要具体说明：

标准的目的与范围；

标准的相关性和时效性；

需要考虑的主要方面；

对照《确定工作重点的标准》开展的评价；

与法典战略目标的相关性；

提案与其他现有法典标准的关系；

明确专家科学建议的要求和可用情况；

明确标准制定过程对于外部机构的技术支持需求，以便对其进行计划；

完成新工作的拟议时间表，包括开始时间、步骤5通过的拟议时间以及食典委通过的拟议时间；制定一项标准的时限通常不应超过五年。

2. 开展新工作或修订标准，应由食典委考虑执委会开展的严格审查之后做出决定。

3. 严格审查包括：

结合《确定工作重点的标准》、食典委战略规划以及独立风险评估所需的支撑工作，审查制定/修订标准的提案；

确定发展中国家的标准制定需求；

对委员会和工作组，包括跨委员会的特设工作组（工作涉及几个委员会的职责范围）的设立和解散提供咨询；

对专家科学咨询的需求和从粮农组织、世卫组织或其他相关专家机构获得咨询的情况进行初步评估，并确定咨询的重点。

4. 开展新工作或修订单项农药或兽药最大残留限量，或维持《食品添加剂通用法典标准》、《食品污染物和毒素通用标准》、《食品分类系统》以及《国际编号系统》等的决定，应遵循相关委员会确立的程序，并经食典委批准。

监督标准制定的进展

5. 执行委员会应依照食典委同意的时限审查标准草案的制定状况，并向食典委报告审查结果。

6. 执行委员会可提议延长时限；取消工作；或提议由原受托委员会之外的一个委员会开展这项工作，包括酌情设立数量有限的附属机构。

7. 严格审查过程应确保标准制定的进程符合设想的时限，提交食典委通过的标准草案应在委员会层面得到充分的审议。

8. 监督工作应在认为必要的时间安排进行，对标准覆盖范围的修订需经食典委特别批准。

因此，应包括：监督制定标准的进展，并建议应当采取的纠正行动；在提交食典委通过之前，审查各法典委员会的拟议标准：与法典职责、食典委决定和现行法典文本保持一致，确保适当时满足批准程序的要求，格式和内容，语言的一致性。

第3部分　法典标准及相关文本的统一制定程序

步骤1　结合执行委员会持续开展的严格审查结果，食典委决定应制定某项全球性食品法典标准，并决定应由哪个附属机构或其他机构承担这项工作。制定全球性食品法典标准的决策也可由食典委附属机构根据上述结果做出，但在决策之后需尽快获得食典委批准。在制定区域性法典标准时，食典委应根据所属某一区域或国家集团的多数成员国在食品法典委员会会议上的提议做出决定。

步骤2　秘书处安排起草一个拟议标准草案。在制定农药或兽药残留最高限量时，秘书处要分发从粮农组织食品及环境农药残留专家小组与世卫组织农药残留核心评估小组联席会议（JM-

PR），或从粮农组织/世卫组织食品添加剂联合专家委员会（JEC-FA）获得的最高限量建议。粮农组织和世卫组织开展风险评估工作的任何其他相关信息也应一并提供。在制定乳和乳制品标准或奶酪的标准时，秘书处要分发国际乳品业联合会（IDF）的建议。

步骤3 拟议标准草案送交食典委成员和相关国际组织，征求其对所有方面的意见，包括拟议标准草案对经济利益的可能影响。

步骤4 秘书处将收到的意见转交给有权审议这些意见和修改拟议标准草案的附属机构或其他有关机构。

步骤5 拟议标准草案通过秘书处转交执行委员会开展严格审查，并提交食典委审议通过，成为一项标准草案。法典委员会在这一步骤做出任何决定时，均应充分考虑严格审查的结果，以及成员就拟议标准草案或任何规定对其经济利益可能产生影响提出的意见。在制定区域性标准时，食典委的所有成员国均可提出自己的意见，参与辩论并提出修改，但是只有出席会议的所属地区或国家集团的多数成员国才能决定修改或通过该草案。在这一步骤做出任何决定时，所属区域或国家集团的成员应充分考虑食典委任一成员就拟议标准草案或任何规定对其经济利益可能产生影响所提出的任何意见。

步骤6 秘书处将拟议标准草案送交所有成员和相关国际组织，征求其对所有方面的意见，包括拟议标准草案可能对其经济利益的影响。

步骤7 秘书处将收到的意见转交给有权审议这些意见和修改拟议标准草案的附属机构或其他有关机构。

步骤8 标准草案通过秘书处转交执行委员会开展严格审查，并连同从成员国和相关国际组织收到的任何书面意见一并提交食典委，以便在步骤8加以修改后审议通过，成为一项法典标准。

在该步骤做出任何决定时，食典委将对严格审查的结果以及由任一成员国就有关标准草案或其中的任何规定对他们经济利益可能产生影响所提出的任何意见予以应有的考虑。在制定区域性标准时，所有成员国和相关国际组织均可提出意见，参与辩论和提出修改，但只有出席会议的所属区域或国家集团的多数成员国才能决定修改和通过草案。

第4部分 制定法典标准及相关文本的统一加速程序

步骤1 食典委应结合执行委员会严格审查的结果，根据表决的三分之二多数票确定可以采用加速制定程序的标准。也可由食典委附属机构根据表决的三分之二多数票来确定，但需尽早经食典委确认。

步骤2 秘书处安排起草一个拟议标准草案。在制定农药或兽药残留最高限量时，秘书处要分发从粮农组织食品及环境农药残留专家小组与世卫组织农药残留核心评估小组联席会议（JMPR），或从粮农组织/世卫组织食品添加剂联合专家委员会（JECFA）获得的最高限量建议。粮农组织和世卫组织开展风险评估工作的任何其他相关信息也应一并提供。在制定乳和乳制品标准或奶酪的标准时，秘书处要分发国际乳品业联合会（IDF）的建议。

步骤3 拟议标准草案送交食典委成员和相关国际组织，征求其对所有方面的意见，包括拟议标准草案对经济利益的可能影响。如标准制定需采用加速程序，应将此情况通报食典委成员和相关国际组织。

步骤4 秘书处将收到的意见转交给有权审议这些意见和修改拟议标准草案的附属机构或其他有关机构。

步骤5 如标准确定需采用加速制定程序，拟议标准草案通过秘书处转交执行委员会开展严格审查，并连同从成员国和相关国际组织收到的任何书面意见一并提交食典委，以便在修改后审议通过，成为一项法典标准。法典委员会在这一步骤做出任何决定时，均应充分考虑严格审查的结果，以及成员就拟议标准草案或任何规定对其经济利益可能产生影响提出的意见。在制定区域性标准时，所有成员国和相关国际组织均可提出意见，参与辩论和提出修改，但只有出席会议的所属区域或国家集团的多数成员国才能决定修改和通过草案。

第5部分 食品法典标准公布的后续程序

法典标准应予以公布，并分发给粮农组织和/或世卫组织的所有成员国和准成员国以及相关的国际组织。上述出版物将构成《食品法典》。

标准的公布和可能扩大区域适用范围的后续程序

法典标准应予以公布，并分发给粮农组织和/或世卫组织的所有成员国和准成员国以及相关的国际组织。

食典委可在任何时候考虑对一项法典区域标准扩大区域适用范围，或将其转为全球性法典标准。

（a）请求将一项区域标准转换为全球性标准，可在步骤8通过区域标准后立即提出，或在其后的一段时间内提出。

（b）区域标准向全球性标准的转化可考虑以下相关商品委员会的状况：

（i）相关商品委员会处于工作状态时：应由相关商品委员会提交一份项目文件，要求将某项区域标准转换为全球性标准。项目文件将由执行委员会在严格审查进程框架内进行审查，并考虑相关商品委员会的工作计划。如果食品法典委员会考虑执行委员会严格审查的意见批准了提议，区域标准通常在步骤3进入统一加速程序，由相关商品委员会接下来召开的会议上在步骤4进行审议。

（ii）相关商品委员会未处于工作状态时：当相关商品委员会不活动时（即不举行实体会议），将一项区域标准转换为全球性标准时最好要通过原协调委员会递交一份项目文件；也可以由法典成员以项目文件的形式提交执委会在严格审查的框架下进行审议。如果食品法典委员会考虑执委会严格审查的意见批准了提议，该项区域标准通常在步骤 3 进入加速程序，由相关商品委员会在步骤 4 进行审议。这种情况下，执委会应考虑如何继续进行工作，或发通函，或重新召集休会委员会。在后一种情况下，执委会应建议食典委重新启动无限期休会的委员会，由其承担新的工作。

法典标准和相关文本的修正和修订程序指南

1. 法典标准修正或修订程序在《法典标准和相关文本的制定程序》引言第 8 段中进行了规定。本指南为修正和修订法典标准和文本的现行程序提供了更加详细的指导。

2. 如食典委决定修正或修订某项标准，在修改或修订的标准经食典委通过之前，未修订的标准将保持适用效力。

3. 在本指南中：

修正指对法典标准或相关文本中文字或数值的任何增添、修改或删除，可能是编辑性的或实质性的，涉及法典文本中一条或数量有限的条目。特别是，编辑性的修正可包括，但不限于

纠正错误；

插入解释性的脚注；

因通过、修正或修订法典标准和其他通用文本，包括《程序手册》中的规定，而更新相关信息。

针对分析和采样方法的最终确定或更新，以及为保持一致性而使规定与食典委通过的类似标准和相关文本协调一致，食典委

可按本指南中描述的程序，采用与编辑性修正同样的方式进行处理。

修订指对某法典标准和相关文本不同于以上“修正”所涵盖内容的任何修改。

一项提案是修正还是修订，以及拟议修正案是编辑性的还是实质性的，食典委对此拥有最终决定权。

4. 法典标准和相关文本的修正或修订提议应由相关附属机构的秘书处提交食典委，或当相关附属机构不存在或无限期休会时，由食典委成员提交食典委。后一种情况发生时，提议应在拟对其进行审议的食典委会议召开前提前（不少于3个月）提交秘书处。提议应附有项目文件（见《制定程序》第2部分），除非执委会或食典委另有决定。然而，如果拟议修正案属于编辑性质，则不必准备项目文件。

5. 食典委结合执行委员会持续进行的严格审查结果，决定是否有必要修正或修订某项标准。如果食典委认为有此必要，将按以下做法之一进行：

（i）编辑性修正案将提交食典委，在统一程序的步骤8通过（见《制定程序》第3部分）。

（ii）由附属机构商定提出的修正案也将提交食典委，在统一程序的步骤5通过（见《制定程序》第3部分）。

（iii）其他情况下，食典委将把提议作为新工作予以批准，获批的新工作将交由适当的附属机构（如果这些机构仍存在的话）进行审议。如果这些机构不存在，食典委将确定处理该项新工作的最佳方式。

6. 如法典附属机构已被废止或解散，或法典委员会已经无限期休会，则由秘书处对这些机构制定的所有法典标准或相关文本进行审查，决定是否需要进行修正，特别是通过食典委决议形成的标准和文本。如确定需要进行编辑性的修正，秘书处应准备拟议修正案，提交食典委审议通过。如果确定需要进行实质内容的修正，秘书处应与休会委员会的国家秘书处（如果可能的话）共同编写一份工作文件，说明拟议修正的理由并酌情提供修正的措辞，并要求食典委成员对如下内容发表意见：(a) 继续进行这一修正的必要；(b) 拟议修正案本身。如果食典委成员大多数回复意见对修正标准的必要性和修正的拟议措辞或替代拟议措辞的适当性表示肯定，该提议将提交食典委予以审议和通过。如成员反馈出现争议，则应相应地告知食典委，由食典委决定继续进行的最佳方式。

六　商品委员会和综合主题委员会的关系

法典委员会可要求负责事项涉及所有食品的各综合主题委员会就其职权范围内的任何问题提供咨询和指导。特别是在制定法典商品标准期间，商品委员会（本文中的“商品委员会”包括参与制定法典商品标准的协调委员会和食典委其他附属机构）和综合主题委员会应互相交流。

综合主题法典委员会，包括食品标签、食品添加剂、食品污染物、农药残留、食品中兽药残留、食品卫生、分析和采样方法、特殊膳食营养物和食品，以及食品进出口检验和认证委员会，可就其职权范围内的事项制定一般性规定。除非另有必要，否则这些一般性规定仅以参考文件的方式纳入法典商品标准（见《法典商品标准的格式》）。

如商品委员会认为一般性规定不适用于一种或多种商品标准，它们可提请相关的综合主题委员会认可与食品法典一般性规定的差异。这类要求应充分说明缘由，并有科学依据和其他相关信息的支持。包含具体规定或对法典通用标准、规范或准则的补充规定的食品添加剂、污染物、卫生、标签以及分析和采样方法部分，应在《法典标准及相关文本的制定程序》中最适当的时间尽早转交给相关的综合主题委员会，但这种转交不能拖延标准在程序步骤中的后续进展。

食品标签

正如《法典商品标准的格式》中食品标签一节所指出的，商品委员会应将《预包装食品标签通用标准》（Codex Stan 1－1985）参考资料中的例外或增加内容转交食品标签委员会通过。

有关日期标识（《预包装食品标签通用标准》第4.7节），商品委员会可在特殊情况下决定使用其他日期或《通用标准》中定义的日期，替代或补充最低保质期的日期；商品委员会也可以决定无须日期标识。这种情况下，应向食品标签委员会说明拟采取行动的充分理由。

食品添加剂

商品委员会应研究《食品添加剂通用标准》（Codex Stan 192－1995），以期为《通用标准》作为参考资料。对《食品添加剂通用标准》进行增补或修正，以与《食品添加剂通用标准》建立参照关系的所有建议均应转交食品添加剂委员会。食品添加剂委员会应审议批准此类建议。食品添加剂委员会通过的实质性修订应交回该商品委员会，以便两委员会在步骤程序初期达成一致。

如认为一般性提及《食品添加剂通用标准》不能达到其目的，该商品委员会应起草一项提议并转交食品添加剂委员会审议批准。该商品委员会应具体说明理由，解释根据《食品添加剂通用法典标准》序言中（特别是第3部分）提出的食品添加剂使用标准，一般性提及《食品添加剂通用标准》不适宜的原因。

包含在法典商品标准中有关食品添加剂（包括加工助剂）的所有规定，最好应在标准推进到《法典标准制定程序》步骤5之前，或相关商品委员会在步骤7对标准进行审议之前，转交给食品添加剂法典委员会；但这种转交不得延误该标准在后续程序步骤中的进展。

商品标准中食品添加剂方面的所有规定都要由食品添加剂委员会，根据各商品委员会提交技术理由、粮农组织/世卫组织食品添加剂联合专家委员会就使用安全［每日允许摄入量（ADI）和其他限制］提出的建议，以及食品添加剂可能摄入量及实际摄入量（可能的情况下）的测算值而批准通过，确保符合《食品添加剂通用标准》序言的规定。

将商品标准的食品添加剂部分转交食品添加剂委员会批准时，秘书处应编写一份提交该委员会的报告，包括国际系统号（INS）、粮农组织/世卫组织食品添加剂联合专家委员会提出的每日允许摄入量（ADI）、技术理由、建议使用量，以及这种添加剂之前是否获得过食品添加剂委员会的批准。

如果有处于工作状态的商品委员会，商品标准中有关添加剂使用的提议应由相应的委员会提出，并转交给食品添加剂法典委员会通过并纳入《食品添加剂通用标准》。如决定不支持某些添加剂的规定，食品添加剂委员会应明确说明理由。如需要更多的信息，或食品添加剂法典委员会决定对该规定进行修正，那么审议中的内容应反馈回该商品委员会。

如果没有处于工作状态的商品委员会，则应由法典成员直接将制定新添加剂规定或修正现有规定以纳入《食品添加剂通用标准》的提议转交给食品添加剂委员会。

食品污染物

商品委员会应研究《食品和饲料中污染物和毒素通用标准》(Codex Stan 193－1995)，以期提及《通用标准》作为参考资料。

如认为一般性提及《食品和饲料中污染物和毒素通用标准》不能达到其目的，该商品委员会应起草一项提议，并转交食品污染物委员会，由其酌情决定针对《食品和饲料中污染物和毒素通用标准》开展新的工作，进行修正或批准通过提议的规定。

这时，该商品委员会应具体说明一般性提及《食品和饲料中污染物和毒素通用标准》不适用于相关产品的理由。

所有提议最好应在商品标准草案推进到《法典标准制定程序》步骤5之前，或相关商品委员会在步骤7进行审议之前，转交给食品污染物委员会；但这种转交不得延误该标准在后续程序步骤中的进展。

食品污染物委员会应审议所有对《通用标准》增补或修正的提议，或在必要和适当时批准拟议规定并采取行动。

食品中农药残留/兽药残留商品委员会应研究食品法典委员会通过的农药和兽药残留限量规定，以便如《法典商品标准的格式》中污染物一节所述一般性提及这些规定。

如认为一般性提及不能达到其目的，该商品委员会应起草一项提议，并酌情转交农药残留委员会或兽药残留委员会，由其审议开展新工作或已通过残留限量的修订。

食品卫生

商品委员会应研究食品法典委员会通过的食品卫生规定，以便如《法典商品标准的格式》中污染物一节所述一般性提及这些规定。商品委员会应将一般性提及的例外或增加内容转交食品卫生委员会通过。

分析和采样常规方法

除涉及微生物标准的分析和采样方法外，商品委员会如将分析或采样方法的规定纳入一项法典商品标准，这些规定应在步骤4提交分析和采样方法委员会，确保各国政府能在制定标准的过程中尽早提出意见。商品委员会应根据情况尽可能向分析和采样方法委员会提供拟议的每个分析方法，包括特异性、准确性、检测限度的精确性（重复性、再现性）、敏感性、适用性和可行性方面的信息。同样，商品委员会应尽可能向分析和采样方法法典委员会提供关于每个采样计划的适用范围或领域、采样类型（如批量或单位采样）、样本规模、决策规则、计划详情（如“方法特性”曲线）、对抽签或过程的推论、可接受的风险水平以及相应的支持数据等信息。

根据需要可选择其他标准。分析方法应由商品委员会与专家机构咨询后提出。

各商品委员会应在步骤4讨论并向分析和采样方法委员会报告以下相关事项：

需要采用分析或统计程序的法典标准规定；

要求制定具体分析或采样方法的规定；

采用定义方法确定（Ⅰ类）的规定；

所有提议应尽可能附有适当的文件说明；尤其是暂行方法（Ⅳ类）；

任何咨询或协助的请求。

分析和采样方法委员会应在制定法典分析和采样方法的相关事务中发挥协调作用。然而原提议委员会要对程序步骤的执行负责。必要时，分析和采样方法委员会应尽量确保与分析领域有经验的知名机构合作开发并测试方法。分析和采样方法委员会将评价其验证中确定方法的实际分析效果。这将考虑到对该方法可能进行的联合验证中获得的有关精确特性，以及该方法建立过程中其他研究工作的结果。所确定的成套指标将会作为分析和采样方法委员会的部分内容，并将列入适当的法典商品标准。此外，分析和采样方法委员会将确定其希望该方法符合的指标值。食品通用分析和采样方法如分析和采样方法委员会自行制定食品通用的分析和采样方法，则由其负责执行程序步骤。食品添加剂分析方法《食品添加剂法典规格》（CAC/MISC6）中包含的用于验证食品添加剂纯度和特性标准的分析方法，无须提交分析和采样方法委员会批准。食品添加剂委员会负责执行程序步骤。

食品中农药残留和兽药残留分析方法

食品中农药残留量和兽药残留量的测定方法不需要提交给分析和采样方法委员会批准。食品中农药残留委员会和食品中兽药残留委员会负责执行程序步骤。

微生物分析和采样方法

商品委员会为验证卫生规定而纳入微生物分析和采样方法规定时，此类规定应在《法典标准制定程序》的步骤3、4和步骤5的最佳时期提交给食品卫生委员会，确保各国政府就分析和采样方法向食品卫生委员会提出意见。所要遵循的程序与上文所述常规做法一样，只是由分析和采样方法委员会取代食品卫生委员会。食品卫生委员会为检验卫生规定而纳入法典商品标准的微生物分析和采样方法，不需要提交给分析和采样方法委员会批准。

食品进出口检验和认证系统

在制定检验和认证规定和/或建议时，综合主题和商品委员会应参考食品进出口检验和认证委员会制定的原则和准则，并在各自委员会的职责范围内尽早对标准、准则和规范进行适当的修正。

七　法典商品标准的格式

引　言

本格式适用于食品法典委员会附属机构，指导他们对标准的描述尽可能实现对商品标准的统一陈述。本格式还指出了应在标准相关标题下酌情显示说明的内容。只有具体规定适用于所涉食品的国际标准时，标准格式中的所有内容才需要填写完整。

标准名称
范围
描述
基本成分和质量要素
食品添加剂
污染物
卫生
度量衡
标签
分析和采样方法

食品法典通用标准、规范或准则的规定应仅作为参考纳入法典商品标准，除非需要另行规定。

标题说明

标准名称

标准名称应尽可能清晰简练。通常采用标准所涉食品的通用名，如果标准涉及多种食品，则采用涵盖所有食品的属名。如完整信息的标题过长，可加副标题。

范围

这部分应包含食品标准适用的某一种或多种食品的简明陈述，除非标准的名称不言自明。如通用标准涵盖一种以上产品，应清楚说明标准适用哪些具体产品。

描述

这部分应含某种或某类产品的定义，可能的情况下，说明原材料和必要的加工过程。还可包括产品类型、风格及包装类型等内容。需要说明标准含义时，也可使用附加定义。

基本成分和质量要素

这部分应包含主要成分的所有定量和其他要求，包括身份特征、包装材料规定以及必要和可选成分的要求。也应包括对于相关产品命名、定义或构成非常重要的质量要素。从保护消费者健康的角度，这类要素可包括原料的质量；为防止欺诈，质量要素中还要规定通过感观可以感知的味道、气味、颜色和质地，以及最终产品的基本质量标准。这部分可涉及对缺陷的容许程度，例如有缺陷或缺点的材料，但这种信息应放入标准的附录或另一咨询性文本。

食品添加剂

这部分应按以下形式，包含对《食品添加剂通用标准》中相应部分的一般性提及：

“按照《食品添加剂通用标准》中表1和表2的食品类别x. x. x. x［食品类别名称］使用的，或列于《食品添加剂通用标准》表3的［食品添加剂功能分类］可用于符合本标准的食品。”

如就所涉产品解读《食品添加剂通用标准》需要进行例外或增补处理，应当充分说明理由，并尽可能加以限定。如需将食品添加剂明确列入某项商品标准，则应按照《商品委员会与综合主题委员会之间的关系》中食品添加剂部分的指南，确定允许使用的添加剂名称/功能类别，以及食品中允许使用的最大量，可采取以下形式：

“INS号码，添加剂名称，最大使用量（以%或mg/kg表示），按功能类别分组。”

这部分应酌情包含对《香料使用准则》（CAC/GL66 - 2008）的提及，有关加工助剂的规定也应包含在这部分。

污染物

本部分仅包含如下对于《食品污染物和毒素通用标准》的提及，而不提及污染物的具体规定：

“本标准涵盖产品应符合《食物污染物和毒素通用标准》（Codex/Stan 193 - 1995）中规定的最高限量。”

至于农药和兽药残留，如果适用于所涉产品，这部分应包含采用以下格式的一般性提及，而不提及对农药和兽药残留的具体规定：

“本标准涵盖的产品应符合食品法典委员会规定的农药和/或兽药的最大残留限量。”

卫生

这部分应包含如下《推荐国际操作规范－食品卫生通用原则》和《食品微生物标准制定和应用原则》的一般性提及，而不提及食品卫生的具体规定：

“本标准规定所涵盖的产品，建议按《推荐国际操作规范－食品卫生通用原则》（CAC/RCP1－1969）中的适宜条款和其他相关法典文本，如《卫生操作规范》和《操作规范》，进行制备和处理。”

“本产品应符合依据《食品微生物标准制定和应用原则》（CAC/GL21－1997）制定的微生物标准。”

也应参考适用的卫生操作规范。

度量衡

这部分应包括除标签规定外的关于度量衡标准的所有规定，例如，容器的填充物、重量、大小或由适当采样和分析方法决定的计量单位。度量衡标准应采用国际单位（S. I.）表示。在以标准化数量（如100g的倍数）计量销售产品的标准中，应采用国际单位（S. I.），但这并不排除在标准中使用其他度量衡系统另外说明这些标准化数量的大致相同量。

标签

这部分应包括标准中包含的所有标签规定。具体规定的纳入应参照《预包装食品标签通用标准》(Codex Stan 1－1985)。

这部分也可包含就所涉产品解读《通用标准》所进行的例外或增补处理，但这些处理应充分理由。

通常，每个标准草案中说明的信息应仅限于如下内容：

关于产品将按《预包装食品标签通用标准》(Codex Stan 1－1985) 进行标签的声明；

食品的具体名称；

保质期和存储说明 (仅适用于《通用标准》第4.7.1部分提及的例外处理情况)。

食品法典标准范围不仅仅限于预包装食品，因为可将非零售包装的标签规定纳入进来。

下列情况中，规定可特别说明：

"有关……的信息应在容器上标注或在附带文件中说明，而产品名称、批号、制造商或包装商的名称和地址应标在容器上。批号、制造商或包装商的名称和地址也可以由一个商标标识代替，前提是这个标识可以清楚识别，并附有配套文件。"

有关日期标识 (《预包装食品标签通用标准》第4.7节)，如商品委员会在特殊情况下决定使用其他日期或《通用标准》中定义的日期，替代或补充最低保质期的日期，或者决定无须日期标识，则可纳入一个相关的规定。

分析和采样方法

这部分应包括所有被认为是必要的分析和采样方法（具体说明或提及），应按照《商品委员会与综合主题委员会的关系》中分析和采样方法一节提供的指导编写。如分析和采样方法委员会已证明两种或多种方法等同，则这些方法可视为备选方法，可以具体说明或提及的方式列入本部分内容。

参考文献

一、中文类

1. 韩永红:《食品安全国际合作法律机制研究》，中国书籍出版社 2013 年版。

2. 魏启文、崔野韩:《中国与国际食品法典》，世界知识出版社 2005 年版。

3. 饶戈平:《全球化进程中的国际组织》，北京大学出版社 2005 年版。

4. 张云华:《食品安全保障机制研究》，中国水利水电出版社 2007 年版。

5. 朱坚:《食品安全与控制导论》，化学工业出版社 2009 年版。

6. 陈锡文、邓楠:《中国食品安全战略研究》，化学工业出版社 2004 年版。

7. 黄晓东:《社会资本与政府治理》，社会科学文献出版社 2011 年版。

8. 王强:《政府治理的现代视野》，中国时代经济出版社 2010 年版。

9. 张国庆:《公共行政学》，北京大学出版社 2007 年版。

10. 王辉霞:《食品安全多元治理法律机制研究》，知识产权出版社 2012 年版。

11. 王锡锌:《行政过程中公众参与的制度实践》，中国法制出版社 2008 年版。

12. 徐立青、孟非:《中国食品安全研究报告》，科学出版社 2012 年版。

13. 于华江:《食品安全法》，对外经济贸易大学出版社 2010 年版。

14. 廖卫东:《食品公共安全规制：制度与政策研究》，经济管理出版社 2011 年版。

15. 王乐夫、陈干全:《政府公共管理》,中国社会科学出版社 2007 年版。

16. 陈振明:《政策科学》,中国人民大学出版社 2003 年版。

17. 秦富等:《欧美食品安全体系研究》,中国农业出版社 2006 年版。

18. 张成福、党秀云:《公共管理学》,中国人民大学出版社 2001 年版。

19. [美] 盖伊·彼得斯:《政府未来的治理模式》,吴爱明、夏宏图译,中国人民大学出版社 2001 年版。

20. 马运瑞:《中国政府治理模式研究》,郑州大学出版社 2007 年版。

21. 王乐夫、陈瑞莲:《中国公共管理理论前沿》,中国社会科学出版社 2006 年版。

22. [美] 帕·平斯拉普·安德森:《未完成的议程:国际农业、食品和环境政策研究综述》,孙良媛等译,中国农业出版社 2003 年版。

23. 石阶平:《食品安全风险评估》,中国农业大学出版社 2010 年版。

24. 周才琼:《食品标准与法规》,中国农业大学出版社 2009 年版。

25. 马彦:“我国食品安全政府监管研究——以三鹿事件为例”,西北大学 2010 年硕士论文。

26. 李沿泽:“论我国食品安全监管制度的完善”,吉林大学 2010 年硕士论文。

27. 高玮:“公共治理理论视角下的食品安全监管体制研究”,湖南大学 2010 年硕士论文。

28. 张锋:“我国食品安全多元规制模式研究”,华中农业大学 2008 年硕士论文。

29. 贺雯:“公共治理视野下的食品安全管理研究”,中南大学 2009 年硕士论文。

30. 林德辉:“公共治理与我国食品市场监管体制改革”,厦门大学 2006 年硕士论文。

31. 王凯杰:“政府在食品安全管理中的功能探究”,上海交通大学 2008 年硕士论文。

32. 龚伟丽:“公共治理视角下的我国食品安全监管研究”,首都经济贸易大学 2010 年硕士论文。

33. 张崎：“我国食品安全多元主体治理模式研究”，山东师范大学2014年硕士论文。

34. 何翔：“食品安全国家标准体系建设研究”，中南大学2013年博士论文。

35. 刘青雅：“非政府组织在食品安全监管中的功能研究”，湖南大学2010年硕士论文。

36. 曾祥华：“食品安全监管主体的模式转换与法治化”，载《西南政法大学学报》2009年第19期。

37. 李长健、张锋：“我国食品安全多元规制模式发展研究”，载《河北法学》2007年第10期。

38. 张芳：“中国现代食品安全监管法律制度的发展与完善”，载《政治与法律》2007年第5期。

39. 耿弘、童星：“当前我国食品安全管制模式及其转型”，载《湖南师范大学社会科学学报》2009年第7期。

40. 王建英、王亚楠、王子文：“关于食品安全问题的研究综述”，载《吉林农业科学》2009年第3期。

41. 黄冶、王廷丽：“有关食品安全问题的国外理论研究综述”，载《生产力研究》2010年第10期。

42. 陈季修、刘智勇：“我国食品安全的监管体制研究”，载《中国行政管理》2010年第8期。

43. 郑风田、胡文静：“我国食品安全监管体制急待重塑”，载《中国行政管理》2005年第12期。

44. 崔卓兰、宋慧宇：“论我国食品安全监管方式的多元化”，载《华南师范大学学报（社会科学版）》2010年第3期。

45. 杨小敏、戚建刚：“欧盟食品安全风险评估制度的基本原则之评析”，载《北京行政学院学报》2012年第3期。

46. 高姗姗：“欧盟与日本的食品安全监管体系与机制”，载《世界农业》2013年第3期。

47. 焦志伦、陈志卷：“国内外食品安全政府监管体系比较研究”，载《华南农业大学学报（社会科学版）》2010年第4期。

48. 秦利、王青松、佟光霁：“基于多中心合作治理的食品安全问题研究”，载《理论导刊》2008 年第 9 期。

49. 夏志强：“公共危机治理多元主体的功能耦合机制探讨”，载《中国行政管理》2009 年第 5 期。

50. 王虎、李长健：“利益矛盾论视野下食品安全治理的一种模式变迁”，载《经济体制改革》2008 年第 5 期。

51. 梁莹：“旨在完善公共治理的‘合作治理’理论”，载《中国行政管理》2009 年第 6 期。

52. 李静：“我国食品安全监管的制度困境——以三鹿奶粉事件为例”，载《中国行政管理》2009 年第 10 期。

53. 唐钧、李丹婷：“我国食品安全管理：特征、根源与政策建议”，载《公共行政》2009 年第 4 期。

54. 门玉峰：“我国现行食品安全监管体系存在的问题与对策研究”，载《黑龙江对外经贸》2009 年第 9 期。

55. 唐伯军、周淑红：“《实施卫生和植物卫生措施协定》措施和国际标准”，载《世界农业》2010 年第 2 期。

56. 宋雯：“国际食品法典委员会简史”，载《中国标准导报》2013 年第 11 期。

57. 钱富珍：“国际食品法典委员组织机制及其标准体系研究”，载《上海标准化》2005 年第 12 期。

58. 汪江连、苗奇龙：“论 CAC 及其法典编纂对完善我国食品安全标准体系的借鉴”，载《北京工商大学学报（社科版）》2010 年第 3 期。

59. 张天奎：“WTO 体制下国际食品法典委员会的发展及未来”，载《科学管理》2013 年第 12 期。

60. 陈卫康、骆乐：“发达国家食品安全监管研究及启示”，载《广东农业科学》2009 年第 8 期。

61. 孙抗生：“日本的食品安全监管体系与制度”，载《农业经济》2006 年第 6 期。

62. 冒乃和、刘波：“中国和德国的食品安全法律体系比较研究”，载《中国农业经济问题》2003 年第 10 期。

63. 林雪玲、叶科泰："日本食品安全法规及食品标签标准浅析"，载《世界标准化与质量管理》2006 年第 2 期。

64. 魏启文、崔野韩、王艳："我国采用国际食品法典标准的对策研究"，载《农业质量标准》2005 年第 6 期。

65. 张艺兵："食品法典标准——世界贸易之准绳"，载《中国出入境检验检疫报》2001 年 3 月 6 日。

66. 蒋士强："加入国际食品法典委员会（CAC）后引发的思考与启迪"，载《现代科学仪器》2006 年第 1 期。

67. 刘晨光、富琪："食品安全企业标准的发展与适用"，载《上海食品药品监管情报研究》2009 年第 8 期。

68. 叶永茂："进入 21 世纪的国际食品法典"，载《上海医药情报研究》2004 年第 4 期。

69. 龚向前："传染病控制与当代国际法变革的新趋势——以《国际卫生条例》（2005）为例"，载《法学评论》2011 年第 1 期。

70. 龚向前："食品安全国际标准的法律地位及我国的应对"，载《暨南大学》2012 年第 5 期。

71. 卞海霞："跨国合作：全球化视阈下食品安全治理的新构想"，载《行政与法》2010 年第 7 期。

72. 张志恒、陈丽萍："欧盟农药 MRL 标准及中国的主要差距"，载《世界农业》2004 年第 10 期。

73. 马爱进："中外食品中农药残留限量标准差异的研究"，载《中国食物与营养》2008 年第 1 期。

74. 涂永前："食品安全的国际规制与法律保障"，载《中国法学》2013 年第 4 期。

75. 陈亚芸："私人标准对 SPS 协定的挑战"，载《时代法学》2010 年第 12 期。

76. 杨桂玲、王强："美国食品法典工作机制及启示"，载《农产品质量与安全》2010 年第 2 期。

77. 郑蔚然："日本食品法典工作机制研究"，载《农产品质量与安全》2011 年第 4 期。

78. 徐学万："国际食品法典委员会标准发展及对我国的借鉴"，载《农产品质量与安全》2010 年第 1 期。

79. 涂永前："食品安全国际标准在我国食品安全立法中的地位及其立法完善"，载《社会科学研究》2013 年第 3 期。

80. 樊永祥："国际食品法典标准对建设我国食品安全标准体系的启示"，载《中国食品卫生杂志》2010 年第 2 期。

81. 陶艳惠："我国食品安全现状及对策研究"，载《现代商业》2013 年第 2 期。

82. 肖进中："日本食品安全委员会组织结构及职能"，载《世界农业》2012 年第 2 期。

83. 鄂璠："六成受访者对食品安全不满意"，载《小康》2012 年第 12 期。

84. 王竹天："科学构建我国食品安全标准体系"，载《中国卫生标准管理》2012 年第 6 期。

85. 田静："2013 年国际食品法典委员会会议列表"，载《中国卫生标准管理》2012 年第 6 期。

86. 马磊："卫生部公布食品安全国家标准'十二五'规划，近期将启动 5000 余项食品标准系统清理工作"，载《中国标准化》2012 年第 9 期。

87. 焦阳、刘良、刘环："中、韩两国食品安全监管体系对比研究"，载《中国标准化》2012 年第 7 期。

88. 宋稳成、单炜力、叶纪明："国际食品法典农药残留限量标准最新动态及发展趋势"，载《农药科学与管理》2013 年第 1 期。

89. 叶纪明、单炜力、宋稳成："浅析国际食品法典与农药残留限量标准"，载《农药科学与管理》2010 年第 1 期。

90. 宋稳成、何艺兵、叶纪明："国际食品法典农药残留限量标准最新进展"，载《农药科学与管理》2008 年第 2 期。

91. 宋稳成、单炜力、周志强："国际食品法典农药残留限量标准研究"，载《世界农业》2010 年第 12 期。

92. 李贤宾、段丽芳、季颖："2013 年国际食品法典农药残留限量标准最新进展"，载《农药科学与管理》2013 年第 12 期。

93. 何定明："国际食品法典农药残留委员会第40届年会召开"，载《农药市场信息》2008年第9期。

94. 江娜："国际食品法典农药残留委员会第41届年会在京召开"，载《农药市场信息》2009年第10期。

95. 夏雨："国际食品法典农药残留委员会专家组会议在烟台市举行"，载《农业知识》2010年第25期。

96. 郑风田："解读新《食品安全法》：规定和隐忧"，载《理论前沿》2009年第8期。

97. 张俭波："第四十届国际食品添加剂法典委员会进展及其对我国食品添加剂管理的影响"，载《中国食品添加剂》2008年第4期。

98. 黄灿："欧盟、国际食品法典和中国食品标签标准比较研究"，载《包装与食品机械》2004年第2期。

二、英文类

1. Juanjuan Sun, "The Evolving Appreciation of Food Safety", *European Food and Feed Law Review*, 7 (2012).

2. Alberto Alemanno, Giuseppe Cpodieci, "Testing the Limits of Global Food Governance", available at http://ssrn. com/abstract = 2133908.

3. Thomas Herzfeld, Larissa S. Drescher, Carola Grebitus, "Cross – national adoption of private food quality standards", *Food Policy* , 3 (2011).

4. Rudolf Krska, Dorothea F. K. Rawn, "Health Canada: Current Topics in Food Chemical Safety Research" , *Food Additives & Contaminants*, 6 (2011).

5. G. Hough, D. Ferraris, " Free listing: A method to gain initial insight of a food category", *Food Quality and Preference*, 3 (2009).

6. Ariane König, "Compatibility of the SAFE FOODS Risk Analysis Framework with the legal and institutional settings of the EU and the WTO", *Food Control*, 12 (2009).

7. Anna Szajkowska, " From mutual recognition to mutual scientific opinion? Constitutional framework for risk analysis in EU food safety law", *Food Policy*, 6 (2009).

8. Charnovitz, "Triangulating the World Trade Organization", *American Journal of International Law*, 96 (2002).

9. M. Footer, *An Institutional and Normative Analysis of the World Trade Organisation*, Leiden: Martinus Nijhoff Publishers, 2006.

10. P. Van den Bossche, *The Law of Policy of the World Trade Organization. Text, Cases and Materials*, Cambridge: Cambridge University Press, 2005.

11. C. button, *The Power to Protect Trade, Health and Uncertainty in the WTO*, Oxford: Hart Publishing, 2004.

12. J. Scott, "International Trade and Environment Governance: Relating Rules (and Standards) in the EU and the WTO", *European Journal of International Law*, 15 (2004).

13. D. Abdel Motaal, "The 'Multilateral Scientific Consensus' and the World Trade Organization", *Journal of World Trade*, 38 (2004).

14. S. Suppan, "Governance in the Codex Alimentarius Commission", *Consumers International*, 11 (2005).

15. M. A Livermore, "Authority and Legitimacy in Global Governance: Deliberation, Institutional Differentiation, and the Codex Alimentarius", *New York University Law Review*, 81 (2006).

16. Hobb S, "Global Challenge to Statehood: The Increasingly Important Role of NGO", *Indiana Journal of Global Legal Studies*, 5 (1997).

17. F. Veggeland and S. O. Borgen, "Negotiating International Food Standards: The World Trade Organization's Impact on the Codex Alimentarius Commission", *Governance: An International Journal of policy, Administration, and Institutions*, 18 (2005).

18. L. Rosman, "Public participation in international pesticide regulation: when the Codex Commission decides, who will listen?", *Virginia Environmental Law Journal*, 12 (1993).

19. Marielle D. Masson – Matthee, *the Codex Alimentarius Commission and its Standards*, T. M. C. Asser Press, 2005.

20. Christine E. Boisrobert, *Ensuring Global Food Safety*, Elsevier Inc,

2010, p. 12.

21. Bernd van der Meulen and Menno van der Velde, *European Food Law Handbook*, Wageningen Academic Publishers, 2009.

22. Neal H. Hooker and Julie A. Caswell, "Trends in Food Quality Regulation: Implications for Processed Food Trade and Foreign Direct Investment", *Journal of Agribusiness*, 12 (1996).

后　记

本书的写作过程很辛苦，也很充实。本书的完成不仅倾注了我自己大量的努力与心血，更凝聚了我周围领导、老师、同事、朋友以及家人给予我的关爱和奉献。写作过程中数次向他们请教、与他们进行交流与探讨，如果没有他们的支持帮助与关心照顾，本书恐难以完成。

本书写作过程中得到湖南农业大学公共管理与法学学院贺林波教授、陈运雄教授、罗晓霞教授、陈叶兰副教授以及学院、法学系同事们给予的诸多指导与帮助，让我在写作过程中不断拓宽思路、丰富资料、完善内容。吴松江副教授作为我的写作伙伴，不仅与我共商写作大纲，数次修改、校订书稿，而且有关食品安全公共治理方面的基本观点与部分章节，都由他完成初稿。李燕凌院长对完成本书研究工作给予了极大支持。李燕凌教授一直积极推动法学学科与公共管理学科的青年教师加强合作，鼓励我们在学科交叉融合与协同创新中实现突破，同时，他还热忱邀请我参与他主持的国家社科基金重大项目课题组。我们的这本著作正是李燕凌教授主持的国家社科基金重大项目的阶段性成果之一。我的恩师王贵国教授，在我写作过程中也给予了许多教导与启发，一直以来，王老师以其严谨的治学与渊博的学识感染着自己的学生。本书的写作过程也是我自身专业素养不断提高的过程，写作过程本身也是自我学习的过程，学习的过程很苦，但只要乐在其中，终会有所收获。

本书是国家社科基金重大项目（11&ZD171）、湖南省哲学社会科学基金一般项目（14YBA213）的阶段性成果之一。同时，本书的出版还获得湖南省“十二五”公共管理重点学科、湖南农业大学法学专业综合改革项目、服务“三农”的卓越法律人才培养研究省级教改课题资助，在此特别表示感谢！

本书的完成还得益于我在美国访学期间收集了大量丰富、翔实的文献资料，在此特别感谢国家留学基金委员会资助我于2013年至2014年在美国杜兰大学访学。书稿的最终出版还要感谢中国政法大学出版社的刘知函主任给予我的大力支持与帮助，在此特别表示感谢！

江虹

2015年8月湖南长沙